U0491064

天地守望
绝美的宇宙与地球

[荷] 霍弗特·席林（Govert Schilling） 著
休布·艾根（Huub Eggen）

金风 译

中国科学技术出版社
·北京·

图书在版编目（CIP）数据

天地守望：绝美的宇宙与地球 /（荷）霍弗特·席林,（荷）休布·艾根著；金风译 . -- 北京：中国科学技术出版社 , 2025. 1. -- ISBN 978-7-5236-1206-4

Ⅰ . P159-49；P183-49

中国国家版本馆 CIP 数据核字第 2024KB3506 号

著作权登记号：01-2024-5669

First published as "Hemel en Aarde" by Fontaine Uitgevers – The Netherlands (2023), this Chinese edition is arranged through Anette Riedel, Agency, jointly with Gending Rights Agency.

本书已由 Fontaine Uitgevers 授权中国科学技术出版社有限公司独家出版，未经出版者许可不得以任何方式抄袭、复制或节录任何部分。
版权所有，侵权必究

策划编辑	徐世新	责任编辑	向仁军
封面设计	麦莫瑞文化	版式设计	麦莫瑞文化
责任校对	焦　宁	责任印制	李晓霖

出　　版	中国科学技术出版社
发　　行	中国科学技术出版社有限公司
地　　址	北京市海淀区中关村南大街 16 号
邮　　编	100081
发行电话	010-62173865
传　　真	010-62173081
网　　址	http://www.cspbooks.com.cn

开　　本	710mm×1000mm　1/12
字　　数	127 千字
印　　张	15
版　　次	2025 年 1 月第 1 版
印　　次	2025 年 1 月第 1 次印刷
印　　刷	北京博海升彩色印刷有限公司
书　　号	ISBN 978-7-5236-1206-4 / P・245
定　　价	118.00 元

（凡购买本社图书，如有缺页、倒页、脱页者，本社销售中心负责调换）

目 录

前言	7
引言	8
蓝色星球	12
世纪之照	15
宇宙大爆炸的余晖	16
地球上的采矿活动	19
前往世界的尽头	20
宇宙的诞生之地	23
闪电与雷鸣	24
深入探索我们的恒星	27
环礁之美	28
深入观察	31
大都市	32
银河系中的"尘埃巢穴"	35
探索银河系的心脏地带	36
撒哈拉之眼	39
行星系统的诞生与演化	40
木星上的日食奇观	43
地球上的撞击坑	44
大丽花之地的奥秘	47
难以征服的众神之巅	48
天空中的璀璨烟火	51
漂移的大陆	52
太空视角下的冲突观察	55
蓝色绿洲	56
壮观的大峡谷	59
奥卡万戈三角洲	60
雄伟的螺旋臂	63
彗星特写	64
夜幕中的捕鱼活动	67
西欧的干旱	68
行星的摇篮	71
海冰与极地冰盖的演变	72
告别黑暗	75
环与卫星	76

回望过去	79	岛屿后面的云涡旋	115
全球冲击波	80	荷兰的圩田	116
云的幻化	83	外星火山奇观	119
绚丽的极光	84	直布罗陀海峡的奥秘	120
看到黑洞	87	探访神秘的火星	123
蜿蜒的河流	88	地球的极寒宝库	124
繁星闪烁的宇宙奇观	91	麦田怪圈	127
太阳系的袖珍奇迹	92	七姐妹星团	128
地球的高低极限	95	世界的屋脊	131
正在消失的冰川	96	银河系的"好邻居"	132
神秘的"阴阳卫星"	99	布满尘埃的世界	135
恒星诞生的奇妙旅程	100	璀璨的星团	136
世界在燃烧	102	宇宙悬崖	138
银河的壮丽画卷	104	海边的森林卫士	140
五彩缤纷的湖泊	107	周期性喷发的宇宙奇观	143
外星上的高山	108	太阳系中最美的行星	144
俄罗斯草原的防风林	111	螺旋星系	147
木星上的神秘极光	112	从巍峨山脉到辽阔大海	148

地球之肺消失了吗？	151
构成行星的原始物质	152
天空中的夜光云	155
铁锈大陆	156
宇宙星雨	159
冰冷的世界	160
恒星的终章	163
旋风伊恩的肆虐	164
建设中的马斯维拉克特	167
鹰状星云的辐射蒸发	168
宇宙中的一粒尘埃	171
了解更多	172
更多照片资源	173
索引	174

6

前言

能够在太空里生活和工作半年多，我觉得自己真是太幸运了！在国际空间站（ISS）的那段日子，我每天都忙得不可开交，不仅要做实验、修设备，还要和地面的控制中心保持联系。哦对了，还有每天必不可少的身体锻炼！但是，只要我一有空，就会跑到宇航员们的"秘密基地"——窗边。你知道吗，那里有空间站的观景穹顶和侧窗，视野极佳。从那里向外望去，宇宙简直美极了！银河系和麦哲伦云都清晰可见，它们就像一幅巨大的画卷。我还看到了洛夫乔伊彗星在澳大利亚日出前的亮光，甚至亲眼看到了神奇的金星凌日，那时金星就在太阳前面慢慢拂过，我们用望远镜前的滤镜就能追踪到它。你知道吗，早在1768年的金星凌日那天，人们首次准确地测量出了地球到太阳的距离。虽然满天的繁星令人惊叹，但其实我们肉眼能看到的只是宇宙的一小部分。如今，借助越来越先进的地面和太空望远镜，我们发现了宇宙更多的奥秘，从神奇的星际"产房"到绚丽的星空烟火。

不过，要说在国际空间站里最让我惊叹的，还是我们的地球。你知道吗，空间站只要一个半小时就能绕地球一圈！这让我们有机会在太空中俯瞰这个太阳系中的蓝色星球。与此同时，地球在空间站下面自转，使得宇航员在每一圈环行时都有不同的视角，一半时间看到的是被阳光照亮的地球，另一半时间看到的是夜晚的地球，每一分钟的景象都不一样：有五颜六色的湖泊、连绵起伏的山脉、奇形怪状的云层和在夕阳下闪闪发光的河流三角洲。到了夜晚，还能看到灯火通明的城市、明亮的闪电和舞动的绿色极光，简直美极了！

尽管壮丽的景象美不胜收，但地球也有一些让我担心的地方，必须时刻保持警醒，比如被砍伐的森林、城市上空的雾霾、彻夜捕捞的渔船上的灯光等。这些都在提醒我们：地球是一个美丽但又脆弱的星球，需要我们一起来守护，毕竟这是我们和地球上所有生命共同的家园，必须好好珍惜。太空不仅让我们看到了一个更广阔的宇宙，还让我们更加懂得，在这浩瀚而荒凉的宇宙中，地球才是我们真正的家园。

—— 安德烈·奎珀斯（André Kuipers）

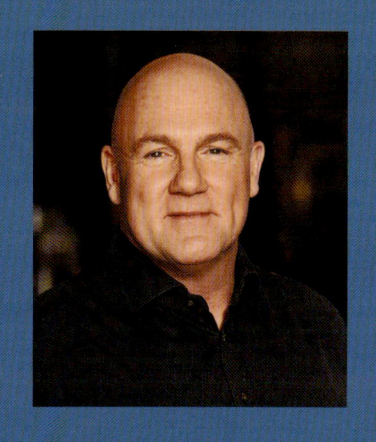

摄影师：尼可·克鲁恩（Nico Kroon）

▶ 照片说明：这是2018年8月6日从国际空间站拍的荷兰和欧洲北海的照片，照片上方还能看到英国。
照片来源：美国国家航空航天局（NASA）/欧洲航天局（ESA）/亚历山大·格斯特（Alexander Gerst）

引言

我们身处的世界，似乎总是动荡不安。天灾频频，疫情肆虐，战争与恐怖袭击的阴影笼罩，冰川加速融化——每一天，新的变故与未知接踵而至。更令人痛心的是，其中诸多变化竟是我们亲手造就的：气候逐渐变暖、海洋遭受污染、生物多样性日益减少。一切似乎都在改变，未来的世界也充满未知和挑战。

然而，在这变幻莫测的世界里，有一样东西从未变过——夜空中宁静而璀璨的星辰。这片恒久不变的星海，为无数心灵提供了避风的港湾，给予人们安宁与慰藉，令人心向往之。宇宙，无关道德，也不分对错，它只是默默地存在着。它散发出来的坚定不移、震撼人心的美丽，仿佛在低声鼓励我们：一切都会好起来的。

《天地守望》这本书，巧妙地将令人叹为观止的宇宙与我们这颗多变而微小的星球结合起来。几百年来，我们站在自己栖息的家园仰望那遥不可及的星空，对宇宙的神秘充满向往。而如今，我们终于能够从空中俯瞰，一睹地球家园的风采。

书中精心挑选的几十幅照片——包括珍贵的历史影像、卫星观测资料、宇航员实地拍摄的画面以及最新的韦布太空望远镜捕捉到的壮观图景——共同展现了天地间无与伦比的奇景。借助与图片匹配的文字解说，我们将带你踏上一段充满惊奇与新知的探索旅程。

宇宙，看似永恒不变，实则暗流涌动。恒星在周而复始地诞生与消亡，星系在相互碰撞，整个宇宙在不断膨胀。这些变化缓慢且微妙，以至于我们常常难以察觉——我们目之所及，不过是宇宙漫长历程中的一个短暂瞬间。在宇宙这个宏伟的舞台上，人类的生命如同朝生暮死的飞蛾般短暂。

与此同时，地球的命运与缓慢演进的宇宙紧密相联。我们的家园，也是在同样的自然力量作用下逐渐形成的，而人类所带来的快速且剧烈的变化，则是近期才出现的现象。在宇宙漫长的时间尺度上，这些变化或许微不足道，但通过将它们与太空影像进行对比展示，我们希望能引发大家更深层次的思考。

愿这本书能为你带来视觉与心灵的双重享受，同时拓宽和丰富你对天地奥秘的认知。

—— 霍弗特·席林，休布·艾根
2023 年 3 月

▶ 照片说明：由韦布太空望远镜捕捉到的即将爆炸成为超新星的恒星 WR 124。
照片来源：NASA/ESA/ 加拿大航天局（CSA）/ 太空望远镜科学研究所（STScI）/ 韦布空间望远镜制作团队（Webb ERO Production Team）

9

10

天空的痕迹

当你在夜晚用一台相机对准北极星持续曝光，你会看到星星留下的弧形轨迹。这是因为相机在持续曝光时，地球始终在绕轴自转，所以我们能看到北极星周围的星空呈现出缓慢旋转的轨迹。2019 年 7 月 5 日，美国宇航员克里斯蒂娜·科克（Christina Koch）也做了类似的事情，不过她是在国际空间站上使用相机完成的。空间站以非常缓慢的速度自转，于是我们就可以通过相机曝光看到星轨。在图片中你还可以看到一些其他线条，它们是卫星公转留下的痕迹。科克在拍摄期间，空间站正从安哥拉飞往索马里。图片中蓝白色的斑点记录的是天空中的雷电，而平行的光带则是自然火灾和城市夜景形成的效果。这张照片由 251 张照片组合而成。

图片来源：NASA/ 克里斯蒂娜·科克

蓝色星球

如果从大约 150 万千米的距离观察，我们的地球就是图片中的样子。图片的左下部分是澳大利亚，右上部分可以勉强看到北美洲的西海岸。如果再仔细寻找，还可以从图片中看到新西兰的南岛。图片中其余的区域则被宽广的太平洋覆盖，它的面积非常大，占据了 1/3 的地球表面积。总的来看，海洋占据了地球面积的 71%，所以将地球称为"水球"也许更为贴切。

地球源源不断地接收太阳光，这些光包含了彩虹的所有颜色，从红色一直渐变到蓝色和紫色。这些颜色融合到一起就形成了我们看到的白光。海水看起来是蓝色的，这是因为太阳光中的红色、橙色和黄色已经被海洋吸收了，而波长较短的蓝色并没有被吸收，所以最后呈现给我们的就是一个蔚蓝色的海洋。不仅是海洋表面，在一定深度的水面之下，蓝色依然是海水的主色调，有潜水经历的度假者对此应该不会陌生。光线的穿透力在不同地区大不相同。在热带地区较为清澈的水域，太阳光可以清晰地照亮水下 80 米深的地方。而在高纬度地区的混浊水域，情况就要差很多。在这些区域到了约 800 米深的地方，光线就会完全消失，只剩下漆黑寂静的海水。

属于大自然的星球

我们所看到的照片也间接展示了地球大气层的构成。大气层像一层薄薄的壳覆盖在地球周围，图片中的白云就是大气层的组成部分。这张照片似乎被一种蓝色的雾气所笼罩，这与我们日常看到的天空颜色一致。大气中的气体微粒会把太阳光中的蓝光向四面八方散射。

每一个气体微粒就像是一个蓝色的小光源，从而形成了蓝色天空。我们不仅可以从地面看到这种蓝色，在外太空也同样可以看到。宇航员皮特·康拉德（Pete Conrad）早在 1965 年就曾说过："无论你从哪个方向看，地球都是蓝色的。"

在这样的照片上，你看不到任何人类活动的痕迹。如果照片拍摄的距离更近一些，就可以轻松地看到城市、港口、矿场、农田等设施。如果拍摄的距离加大一些，这些人类活动的痕迹很快就无法辨别了。不过如果在夜晚拍摄地球，你仍然可以看到一些城市的灯光。前往月球的"阿波罗"号上的宇航员在距离地球约 1 万千米的地方甚至连光亮也无法捕捉到，他们用肉眼无法确认地球上是否存在生命。

从宇宙中观测地球

1990 年 12 月，科学家们利用前往木星的"伽利略"号探测器，在其经过地球时，将我们的地球视为一颗外星行星进行观测。探测器记录了大气中非常丰富的氧气和甲烷气体，以及它们对阳光中红光的强大吸收能力。出现这些现象的原因在于地球上拥有丰富的绿色植物。此外，探测器还在无线电频率上发现了"不寻常"的窄峰，主要是来自电视和雷达信号的波段。对于聪明机智的外星人而言，这些线索都能证明地球是一颗非常特别且值得探索的星球。

▶ 照片来源：NASA/ 深空气侯观测站（DSCOVR）/ 地球多色成像仪（EPIC）

13

14

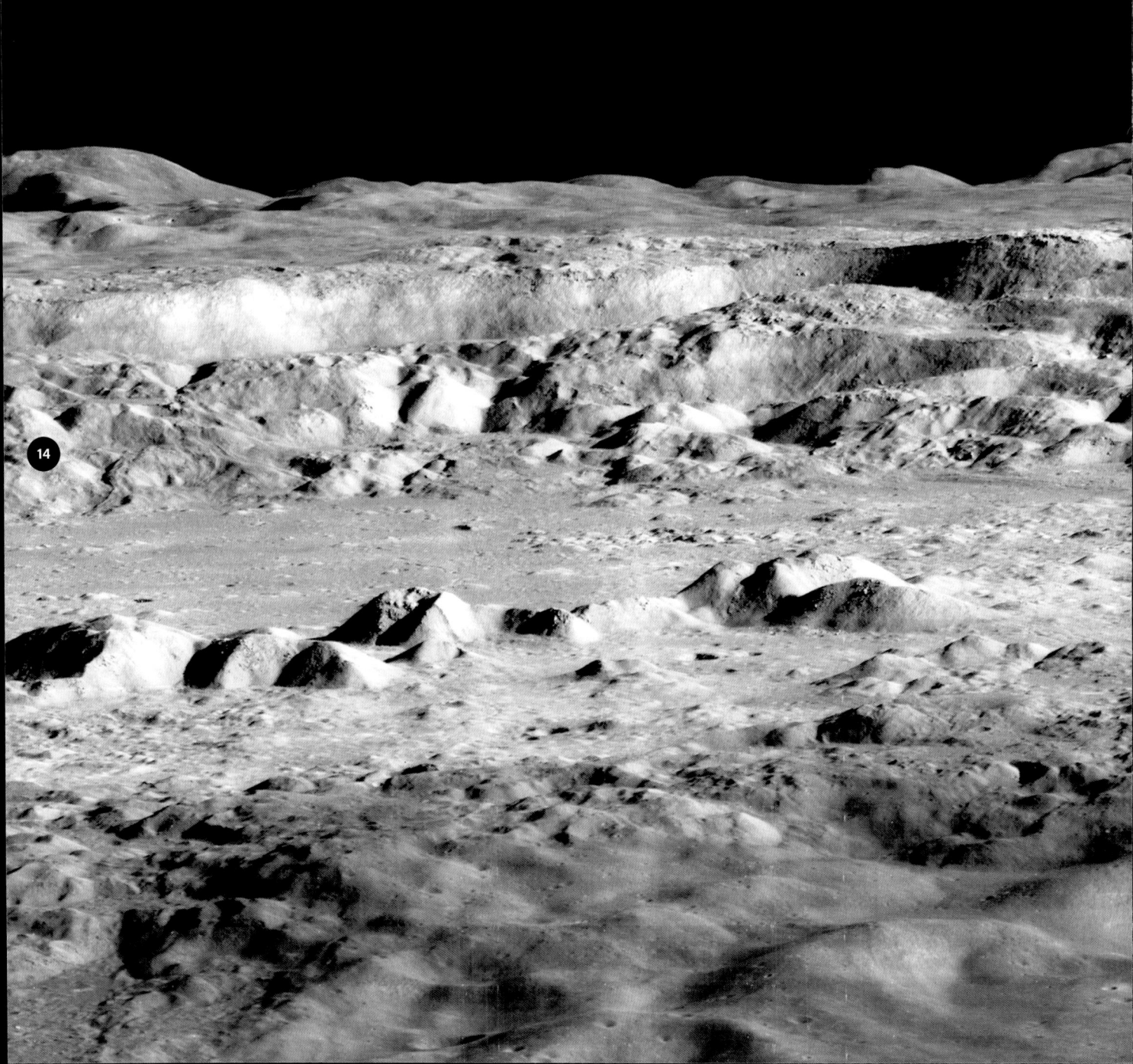

世纪之照

《生活》(Life)周刊曾将这张拍摄于月球上的"哥白尼"巨型陨石坑照片评为世纪之照。尽管这种评价似乎有些操之过急,因为当时20世纪刚刚过去了2/3,但它完美诠释了这张照片在当时给人们带来的强大冲击力。我们过去一直将月球视为一个遥远的天体,只能从远处观望,但现在我们突然能够如此近距离地观察它,还能拍摄清晰的照片,这种震撼前所未有。当如此壮观的景象近在眼前时,月球似乎很快就要成为人们的下一个旅行目的地。

这张照片是1966年11月24日由无人航天器"月球轨道器"2号拍摄的。那个时代数码相机还未问世,所以这张照片是用胶片拍摄的,并在航天器上自动进行冲洗,随后进行电子扫描传送回地球。

哥白尼环形山,这个以波兰天文学家尼古拉·哥白尼命名的撞击坑,直径超过90千米,深度近4千米,是月球上最显著的撞击坑之一。哥白尼在1543年提出了"日心说"理论,以他命名的环形山也象征着人类对宇宙奥秘的不断探索。

透视照片

当"月球轨道器"2号在距离环形山240千米、高度45千米处的位置掠过时,它用长焦镜头捕捉下了这张透视感极强的照片。在照片前景中,环形山的边缘部分依旧清晰可见;照片中间的位置则是位于对面位置的环形山边缘。环形山内的底部相对平坦,除了中心那座长约15千米、高约600米的"中央山"外,再无其他显著特征。这一处由撞击形成的地貌,形态犹如洗涤剂或浓咖啡广告中向上翻滚的液滴,令人浮想联翩。我们很难想象,这个地方在8亿年前究竟经历了怎样的灾难。

与地球上从飞机拍摄的山地景观相比,月球轨道器采集的照片更加清晰。由于月球没有大气层,因此不存在散射或朦胧效果。照片中即使位于最远端的山脊也会显得锐利无比,阴影部分则更加深邃漆黑。

值得一提的是,"月球轨道器"2号在完成任务后,于1967年10月11日按计划在月球背面坠毁,它也在月球上留下了一个小小的环形山,成为人类探索太空的一个印记。

月球上的斯匹次卑尔根群岛?

很久以前的天文学家通过望远镜观察月球时,看到的阴影让他们误以为月球山坡陡峭、山顶尖锐。然而实际上,月球的地形远比想象中平缓。这种误解在早期的书籍和杂志中被广泛描绘,直到人类真正踏足月球后才得以纠正。

◀ 照片来源:NASA

宇宙大爆炸的余晖

接下来，让我们将视线从月球转向更宏大的宇宙。你眼前的这幅图像，或许会让你联想到点彩画、电视噪点或是达米安·赫斯特（Damien Hirst）的点画。但实际上，这是一张描绘宇宙大爆炸"余晖"的图片。更准确地说，它展示了宇宙微波背景辐射中微小的温度差异——这些差异几乎是宇宙诞生时的"回声"。科学家们通过这张图片，比以往任何时候都更接近宇宙起源的真相。

尽管我们尚不清楚宇宙究竟是如何诞生的，或者在此之前宇宙是否以其他状态存在过，但天文学家们已经确定，在数十亿年前，宇宙的密度比现在更大。当时，处于初始阶段的宇宙中充满了由基本粒子组成的"原始汤"，它们温度极高、密度极大，被称为宇宙大爆炸阶段。在这个阶段，宇宙中还没有星系、星云、恒星和行星的存在。

大约 38 万年后，随着宇宙的膨胀，气体逐渐变得稀薄并冷却下来，甚至变得透明。此时宇宙释放出的高能辐射温度与太阳表面温度相似，这些辐射至今仍然存在于宇宙中。不过，由于时间已经过去了 138 亿年，这些辐射现在已经减弱为微弱的毫米波无线电噪声，即我们所称的宇宙微波背景辐射。它们从宇宙的各个方向向我们传来。

万分之一度

2009 年 5 月，人们利用欧洲空间望远镜普朗克[以德国物理学家马克斯·普朗克（Max Planck）命名]进行了为期 4 年半的精密测量，结果显示宇宙微波背景辐射中存在着万分之一度的微小温度差异。这些差异在图中用蓝色和红色标示，并对应着"原始汤"中微小的密度差异。正是这些差异后来形成了我们熟知的星系团。因此普朗克捕捉的图像被誉为宇宙的"婴儿照"。

宇宙学家们通过对宇宙微波背景辐射中"热"和"冷"区域的统计分布进行了仔细分析，从中计算出了宇宙的组成比例：4.9% 是原子、26.6% 是神秘且尚未被完全理解的暗物质、68.5% 是捉摸不透的暗能量。这种研究方法被称为"精密宇宙学"。然而令人沮丧的是，尽管这些百分比非常精确，但我们对宇宙的了解仍然不到 5%。宇宙剩下的 95% 到底是什么，仍然是一个未解之谜。

> **鸽子粪**
>
> 在探索宇宙的道路上，人类曾经有过许多有趣的误解和发现。例如 1964 年美国无线电技术人员阿诺·彭齐亚斯和罗伯特·威尔逊在寻找干扰源时意外发现了宇宙微波背景辐射；他们原本以为是鸽子粪在天线中引起的干扰，直到天文学家加入研究后，才意识到他们捕捉到的是宇宙大爆炸的"回声"。

▶ 照片来源：ESA/ 普朗克合作组（Planck Collaboration）

17

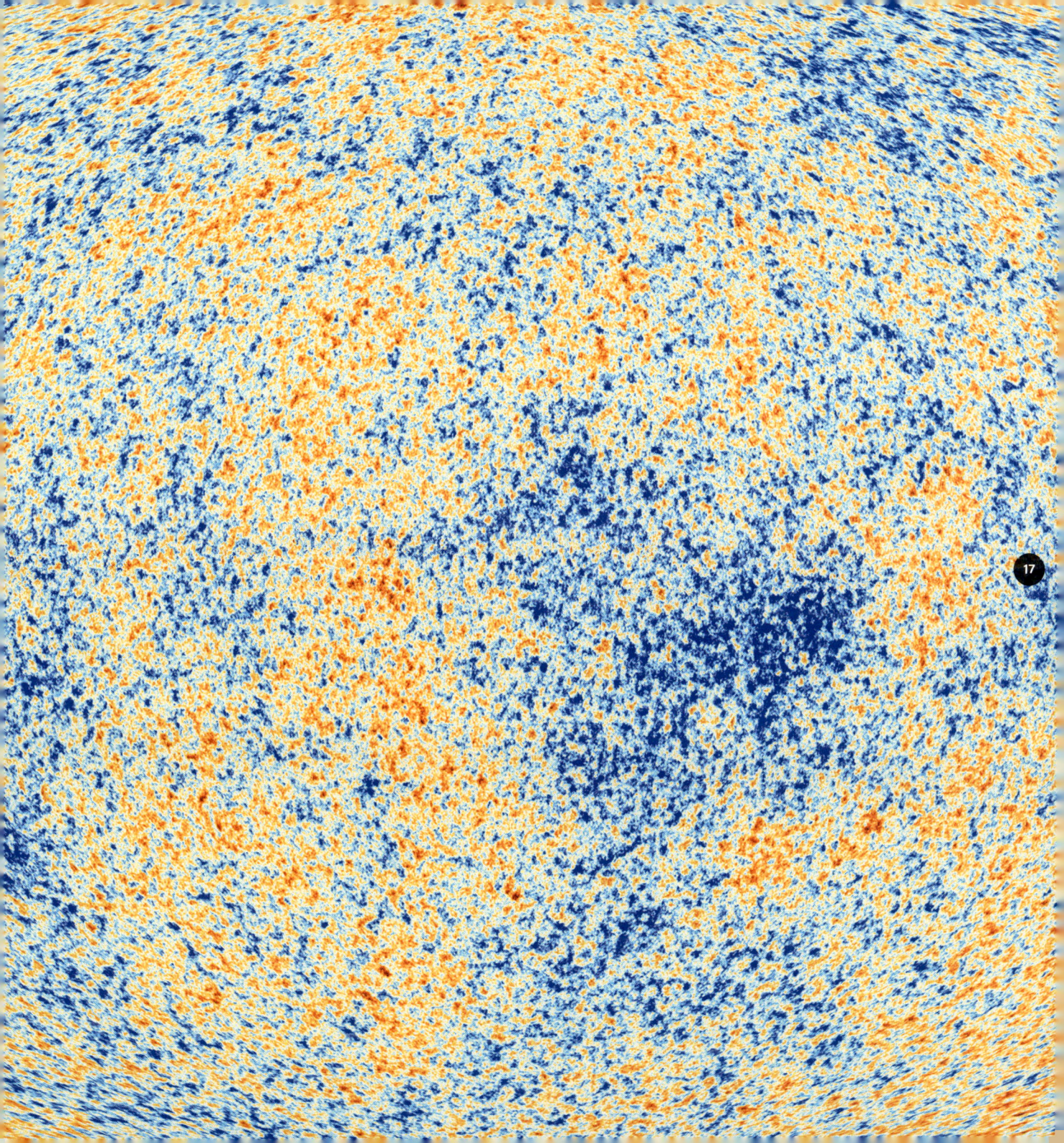

18

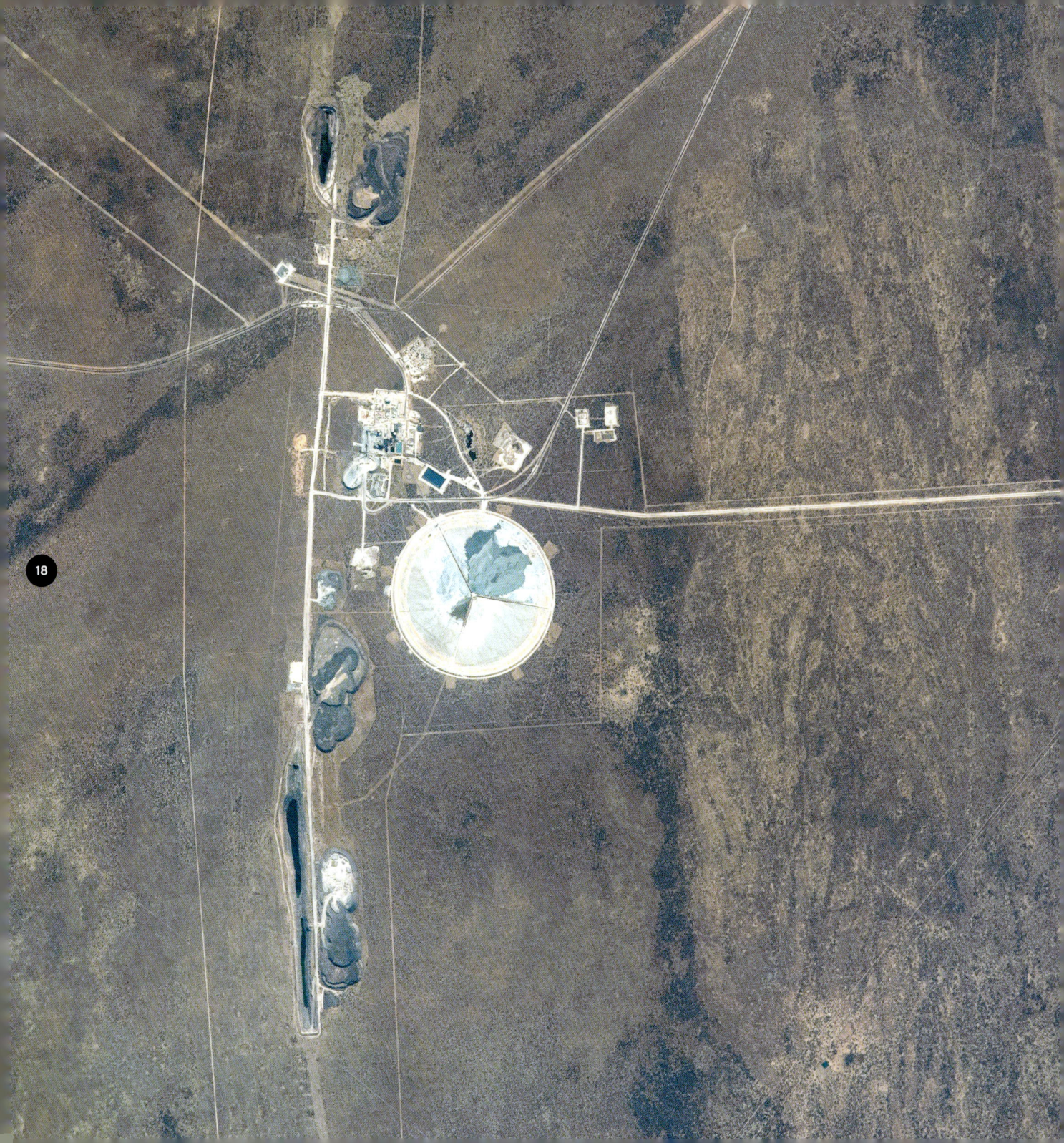

地球上的采矿活动

未来的外星基地是否会呈现出图片中的景象呢？在地球的许多地方，我们常常可以观察到一些特殊的图案，它们时而凌乱无章，时而又井然有序，仿佛精心设计的图形一般。这些便是矿山的独特印记。美国宇航员谢恩·金布罗（Shane Kimbrough）于 2021 年 9 月 10 日拍摄的一张照片，便生动地展示了博茨瓦纳西北部库玛考（Khoemacau）矿区的风貌。在这里，人们源源不断地开采着富含铜和银的矿石。

这座矿区位于一条古老并经风化的山脉之中。这条山脉横跨纳米比亚、博茨瓦纳、赞比亚三国，并一直延伸到刚果。特别值得一提的是，博茨瓦纳的西南部地区被誉为卡拉哈里铜带。在这片区域中，珍贵的铜矿和银矿蕴藏在火山岩和沉积物之中，而它们早在大约 10 亿年前就形成了。在那个时期，许多现今存在的大陆虽已初具雏形，但位置却与今日大不相同，当时它们共同构成了所谓的罗迪尼亚超大陆。

矿石的开采活动多发生在地质构造相对稳定的地区。在这些地方，岩石和矿石能够在漫长的岁月中得以完好保存。这类区域往往位于大陆的稳定内核之中，地质学上称之为克拉通或盾地，非洲南部和欧洲东北部便是其中的典型代表。2023 年初，瑞典宣布发现了稀土矿藏，这一发现从地质学的角度来看也是合情合理的。

矿石的形成

在自然界中，金属常常以化合物的形式与其他元素结合，进而形成矿物。金属矿物的诞生是一个多元化的过程。在地球深处，高温与高压使得岩石熔化形成岩浆。当这些岩浆缓缓上升至地表时，随着温度逐渐降低，它们会在不同的温度节点上结晶出各式各样的矿物。地质变迁加上板块运动和侵蚀，可能会将这些深藏地底的岩石推至地表。

金属矿物的另一种诞生方式则是地表富含矿物的岩石受到侵蚀并逐渐沉积，进而汇聚成为一层含有丰富矿物的沉积物。若这些沉积物随后被新的沉积层所覆盖，它们将在压力的作用下逐渐升温，甚至部分熔化，从而孕育出新的矿物。此外，地下水在流经岩石时会溶解其中的矿物，随后在岩石的裂隙中沉淀，长此以往便形成了矿结核。值得一提的是，荷兰人在过去几个世纪中一直利用沙土中形成的铁结核提炼藏在其中的珍贵"矿石"。

> **分布不均**
>
> 金属矿石虽然遍布全球，但其分布却极为不均。例如，高达 45% 的铀矿出自哈萨克斯坦，中国的稀土产量则占据全球 60% 的份额，它们是高科技设备的"必需品"。南美洲贡献了世界一半的铜矿产量。在全球矿石开采量前十的国家中，欧洲国家寥寥无几。由此可见，欧洲人对世界其他地区的矿产资源存在巨大的依赖性。

◀ 照片来源：NASA/ESA/Shane Kimbrough（ISS065-E-369031）

前往世界的尽头

荒凉的南方

在印度洋西南部，距离马达加斯加约 3000 千米外的海域中，凯尔盖朗群岛（Kerguelen-archipel）若隐若现，宛如一只庞大的龙虾从云雾缭绕的海面探出头来。这张难得一见的群岛照片，是由一位宇航员在 2020 年 1 月 7 日从太空拍摄到的珍贵画面。这片广袤的海域总是云雾笼罩，神秘莫测。群岛的张力偶尔也会推开来自西方的云雾，让上空及东侧的海域露出晴朗的容颜。

凯尔盖朗群岛是法国的海外领土，主岛格朗特尔岛（Grande Terre）的面积接近 6700 平方千米，相当于荷兰的海尔德兰省与乌得勒支省面积的总和。此外，还有约 300 个小岛如星辰般散落在它的周围。这里仅有一个小巧的研究基地——法兰西港（Port-aux-Français）。虽然看不到繁华的港口或机场，这里却是所有交通工具的集散地。人员和物资都在这里的一个小型码头进行转运，仿佛这是连接文明与荒凉世界的唯一桥梁。

回望历史长河，1968 年至 1981 年，这个岛屿曾作为火箭发射基地，帮助开展高层大气研究。时至今日，法国国家空间研究中心（CNES）和欧洲航天局（ESA）的卫星跟踪站依然设在此地，默默守护着太空的探索之路。曾经的捕鲸基地，如今已难觅当年繁忙的迹象，只有岛上某些地名还依稀诉说着那段历史。照片中，积雪如银装般覆盖着库克冰盖，提醒着人们这片岛屿的寒冷与荒凉。狂风常起，这里并非旅游者的天堂，却是自然生物的美好家园。

沉没的微型大陆

凯尔盖朗群岛，连同东南方属澳大利亚领土的赫德岛（Heard Island）和麦克唐纳群岛（MacDonald Islands），共同构成了凯尔盖朗高原。这个与日本面积相当的微型大陆，大部分体积都隐匿在水下。它由 1.2 亿至 9000 万年前从地幔涌出的岩浆构成。在遥远的 1 亿至 2000 万年前，这片高原曾傲立于海平面之上，茂密的针叶林覆盖了它的身躯。地质学家在古老的岩石层中发现了风化的土壤与木炭的踪迹，暗示着那片古老的森林曾遭受火灾的洗礼。然而，大约在 2000 万年前，高原开始了它在地壳中的沉降之旅。如今，它静卧于海平面以下 1～2 千米的深海之中，只有那几座巍峨的山峰和零星的小山依然顽强地探出海面。

沙发上的探险之旅

无须踏出家门，你在沙发上便能开启一场惊心动魄的探险。德国作家朱迪思·沙兰斯基（Judith Schalansky）的著作《偏远岛屿地图集——我从未去过也永远不会去的五十个岛屿》（*De Atlas van afgelegen eilanden-Vijftig eilanden waar ik nooit was en nooit zal komen*）将带领你通过知识的海洋和地图的指引去探索那些鲜为人知的神秘岛屿。其中，凯尔盖朗群岛的阿姆斯特丹岛（île Amsterdam）便是你探险旅程中的一站。

▶ 照片来源：NASA（ISS061-E-120687）

21

22

宇宙的诞生之地

在这片绚烂多彩的气体星云中心，一个独特而紧凑的四星组合以梯形的阵列静静地闪耀着。正是这四颗呈梯形分布的恒星散发出的高能辐射，为这片星云注入了生命与色彩：紫外线星光穿透并电离周围的气体，使其自发地散发出迷人的光芒。而星云中不同的颜色，则向我们揭示了其气体的丰富成分。

眼前这幅壮丽的图片，是由哈勃太空望远镜利用拍摄的 500 多张照片精心拼接而成，它向我们展示了距离地球约 1500 光年的猎户座星云的样貌。在这片广袤的星云中，新的恒星如雨后春笋般不断诞生，而星云本身的直径更是横跨数十光年。

在浩瀚的银河系中，虽然恒星的形成区星罗棋布，但猎户座星云由于与我们距离较近而显得尤为引人注目。在晴朗的冬夜，你甚至可以用肉眼观测到它，它就像猎户座 3 颗明亮的"腰带星"下方的一个朦胧光点。在过去的数百万年里，这里至少见证了 3000 颗恒星的诞生与成长。

巨恒星

说到那四颗呈梯形分布的星星，它们虽然只有大约 30 万年的历史，却是宇宙中真正的巨恒星。拥有高达 4 万度的表面温度，其质量至少为太阳的 20 倍，而亮度更是太阳的 10 万倍。然而，这些巨星也在以惊人的速度消耗着它们的核心燃料。在不久的将来，或许就在几百万年内，它们将燃尽自己的生命，最终以惊天动地的超新星爆发走向终结。

猎户座星云实则是巨大分子云的一部分，这个分子云由寒冷的气体和尘埃交织而成，形成了一片幽暗的云团。在照片的左上方和右侧，我们可以观察到一些暗淡的尘埃条纹。这些条纹位于前景之中，与背景中明亮的气体云形成了鲜明的对比。若以 3D 视角呈现，我们会发现梯形星在分子云的边缘开创了一个巨大的空洞。而在我们这一侧的黑暗云，仿佛有一个正在扩展的气泡突然破裂，使得我们能够窥见其中璀璨的光芒。

哈勃太空望远镜的特写镜头还捕捉到了星云中许多新生恒星周围环绕的原行星盘。通常情况下，这些盘中可能会孕育出行星。但在这片星云中，这一过程可能会受到阻碍：在盘中的物质可能聚集之前，它们就可能被梯形星释放的强烈辐射吹散至太空之中。

惠更斯区

梯形星团（Trapezium）是在 1617 年 2 月被伽利略·伽利莱（Galileo Galilei）首次发现的。然而，他自制的望远镜的精度并不足以清晰地揭示其周围的星云。直到 1659 年，杰出的荷兰物理学家和天文学家克里斯蒂安·惠更斯（Christiaan Huygens）才成功地观测到了这片星云。至今，猎户座星云中最明亮的部分依然被冠以"惠更斯区"的名字，以纪念这位伟大的科学家。

◀ 照片来源：NASA/ESA/M. Robberto（太空望远镜科学研究所/ESA）/ 哈勃太空望远镜猎户座宝藏项目团队

闪电与雷鸣

夜空中的烟火

在地球的天空舞台上，每时每刻都上演着约2000场雷暴的壮观表演，每一秒中都会出现50次闪电划过天际的好戏，它们如同烟火般璀璨。雷暴是自然界的谜团，它的诞生需要湿润的空气、地表与高空之间悬殊的温差，以及飘忽不定的大气条件。在这样的环境下，空气仿佛被赋予了生命，急速升腾至高空，携带着水滴与冰粒，上演着一场天地间的舞蹈。

在这场舞蹈中，水滴与冰粒在云层中不断碰撞，仿佛是为这场盛大的舞会增添更多的激情。下落的粒子带着负电，而上升的粒子则带着正电，它们像是被赋予了神秘的魔法一般，使得云层的顶部聚集了正电荷，底部则聚集了负电荷。当两股力量积蓄到顶点时，便会有一次震撼的放电，那就是我们看到的闪电。它可以是云与云之间的缠绵，也可以是云与大地之间的热烈拥抱。

随着放电的发生，空气在瞬间开始升温、膨胀，仿佛是天神的鼓槌重重落下一般，激起那震撼人心的雷鸣声。这是上天的鼓声，为这场夜空中的电舞进行伴奏。

在热带地区，那里常年温暖湿润，仿佛是大自然的温室，孕育了最频繁的雷暴。而离赤道越远，雷暴的舞步似乎就变得越发稀疏。即使是温暖的海水，也难以与炽热的陆地相媲美，所以在海上，雷暴的出现相对较少。

地面的观测站早已成了这场舞会的忠实观众，它们时时刻刻都在记录着每一次的闪电放电。但随着科技的进步，卫星的出现使得我们能够更加全面、全天候地欣赏全球的雷暴舞会。

雷暴的频率

1997年开始的卫星观测为我们揭示了一个秘密：多年来，雷暴的数量似乎保持着一个稳定的节奏，如同一位经验丰富的舞者，每一步都恰到好处。赤道附近宽阔的地带，仿佛是雷暴的主舞台，其中委内瑞拉的马拉开波湖流域的卡塔通博河，以及中非刚果东部的小镇基福卡，更是吸引了雷暴成为常驻嘉宾。它们几乎全年无休地为观众献上精彩的演出。有些地方，雷暴则在特定的时间达到高潮。例如，在印度东部的布拉马普特拉河流域，5月成为闪电最为密集的时刻，仿佛是大自然为这片土地献上了一场特别的表演。

这张由日本宇航员星出彰彦（Aki Hoshide）拍摄于2021年11月3日的照片，让我们见证了马来西亚上空的一场夜间雷暴盛景。在那漆黑的夜幕下，雷暴如同烟火般绽放，而地面的灯光与之交相辉映，构成了一幅绝美的画面。

雷暴之家

说到雷暴频率最高的地方，委内瑞拉的卡塔通博无疑是一个代表。在那里，雷暴如同家常便饭一般常常出现，因此也得名"雷暴之家"的称号。而苏利亚州则是将闪电作为其旗帜和徽章上的代表图案，仿佛是在向这片天空中最常见的舞者致敬。

▶ 照片来源：NASA/ 日本宇宙航空研究开发机构（JAXA）/ 星出彰彦（ISS066-E-70454）

25

26

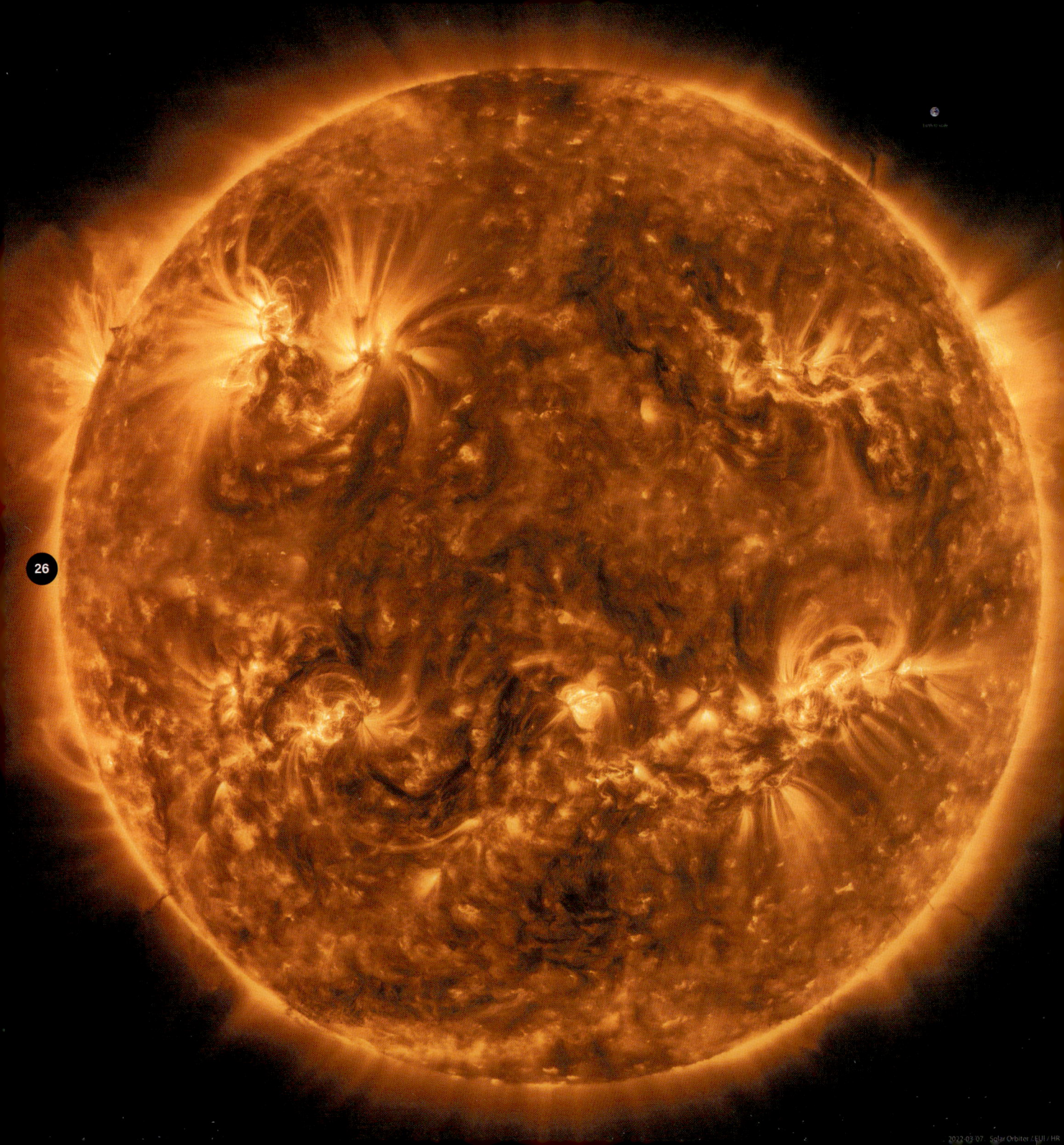

深入探索我们的恒星

在浩瀚的宇宙中，我们唯一能够详细探索的恒星，无疑是我们的太阳。早在 1610 年，意大利杰出的天文学家伽利略便发现了太阳表面的黑子，并观察到在日全食期间，太阳边缘会喷发出被称为日珥的巨大热气体。然而，相较于其他遥远的恒星，即使在功能最强大的天文望远镜中，它们也只是微小的光点，而太阳则为我们提供了近距离研究恒星的独一无二机会。

这张由欧洲太阳探测器（Solar Orbiter）于 2022 年 3 月 7 日拍摄到的太阳照片，为我们揭开了太阳的神秘面纱。探测器自 2020 年 2 月发射以来，每年两次近距离掠过太阳，其轨道甚至比距离更近的水星还要更靠近太阳。这张照片由 25 张独立的极紫外成像仪拼接制作而成，展现了太阳在极短波紫外线下的独特风貌，与我们平常所见的太阳形象大相径庭。

值得注意的是，这些高能紫外线辐射并非源自太阳表面 5500℃ 的区域，而是来自其稀薄的外层大气 —— 日冕。这个温度高达 100 万℃ 的区域，至今仍是天文学家们探索的谜团，其高温成因仍然成谜。

太阳的活动周期

从照片的太阳边缘，我们可以清晰地看到，这颗母恒星持续不断地向宇宙空间吹送出气体，形成了所谓的"太阳风"——这是一种由电荷粒子组成的气流，它能在地球的大气层中激发出绚丽的极光。这些被吹送出的气体，沿着太阳的磁力线流动，特别是在照片的左上方两个"活跃区域"中表现得尤为明显。

在照片的中心下方，我们也能够观察到一个活跃区域，它带有一个由较冷气体组成的日珥所形成的黑色弧线。在常规的可见光照片中，这里可以清晰地看到两个巨大的太阳黑子，它们是由于强烈的磁场集中而形成的低温区域。

这些活跃区域主要分布在太阳赤道两侧宽阔的带状区域内。在一个大约为期 11 年的周期（即太阳周期）中，这些区域会缓慢地向赤道移动，与此同时，太阳的活动也会相应增强。据预测，下一个太阳活动的高峰期将在 2025 年夏季到来。

> **太阳活动大爆发**
>
> 太阳活动的威力不容小觑。1859 年 9 月 1 日，英国人理查德·卡林顿（Richard Carrington）曾观测到太阳上的一次巨大爆发。几天后，当这次爆发产生的气体抵达地球时，即使在热带地区，人们也能目睹壮观的极光，而电报通信也因此受到了严重干扰。类似的爆发如果发生在今天，将对我们的能源和通信网络造成灾难性的影响。

◀ 照片来源：ESA/NASA/Solar Orbiter/EUI Team/E. Kraaikamp (rob)

环礁之美

当我们想象热带天堂时，脑海中往往会浮现出白沙滩、棕榈树、深蓝色的海水以及点缀在天空中的白色云朵。这样的景致，在环礁上最为常见。

我们常将环礁视作理想的热带天堂，它通常是由环绕着浅潟湖的环形岛屿所构成。然而，实际上，全球约 440 个环礁的形态各异，并不总是呈现出完美的封闭环形。大多数的环礁仅比海平面高出约 1 米，且往往无人居住。这些环礁均由珊瑚构成，而珊瑚则只生长在热带海洋中。几乎全球所有的环礁都位于印度洋以及太平洋，如马尔代夫和法属波利尼西亚。在这张照片中，我们可以窥见法属波利尼西亚的一隅。该照片由一名宇航员于 2020 年 1 月 4 日拍摄，展示了帕利瑟群岛（Palliser）的部分景观，其中包括狭长的法卡拉瓦环礁以及近乎方形的托奥环礁。

达尔文的理论

环礁起源的主流理论是查尔斯·达尔文（Charles Darwin）在 19 世纪提出的。在他乘坐"贝格尔"号航行期间，他观察到了多种热带岛屿的形态：包括火山岛（实际上是海底火山的峰顶）、珊瑚礁岛屿以及环绕中央潟湖的环状岛屿。达尔文认为这些都是同一事物在不同发展阶段的表现形式。火山岛的顶部因风化变得平坦，当火山活动停止后逐渐下沉。岛屿周围水下的斜坡上逐渐形成了珊瑚礁。如果岛屿的下沉速度足够缓慢，珊瑚的生长便能跟上其速度。当火山顶消失在水面之下时，珊瑚环内部便会形成一个低洼的地带。海洋一侧的珊瑚健康生长，而潟湖一侧由于营养物质的耗尽，珊瑚便开始死亡。因此，许多潟湖的颜色并不像海洋那样深蓝，而是呈现出较浅的色彩。有时潟湖甚至与外面的海洋隔绝，被淡水所填满。环礁的顶部颜色通常较暗，因为上面生长了一些植被。

另一种观点

关于环礁的形成还存在着另一种观点。原始的岛屿顶部实际上是被水下生长的珊瑚所覆盖。当海平面下降时，富含钙质的珊瑚暴露在空气中被雨水溶解，从而在中央位置形成了一个低洼地带，随后被水填满，便成了我们今天见到的环礁。

▶ 照片来源：NASA（ISS061-E-118327）

29

30

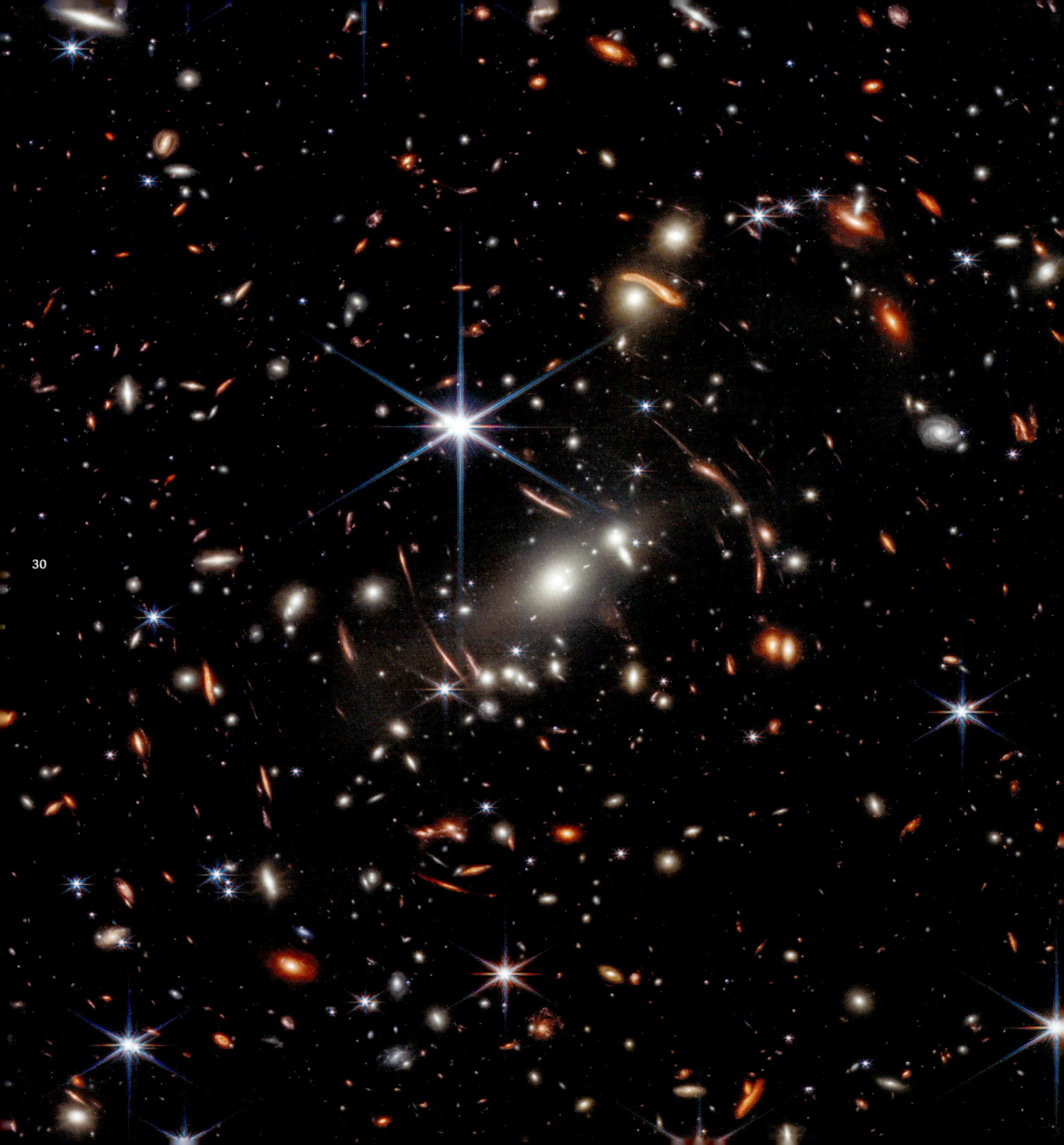

深入观察

韦布太空望远镜拍摄的影像清晰可辨。在这张照片中，我们可以看到由恒星等点状光源散发出的独特"六光芒"图案，这是由于光线在望远镜 6 个半米宽的主镜及其 18 个六边形段边缘发生衍射所形成的。

照片的左上角稍偏的位置有一颗熠熠生辉的恒星，它就是我们璀璨银河系中的一员。若你细心探寻，还会发现许多类似的恒星点缀在前景画面中。那些未体现出衍射光芒的天体（有数千个之多）实际上属于远在数十亿光年之外的星系。

韦布太空望远镜于 2021 年圣诞节发射升空，随后耗时半年进行精密校准和测试。2022 年 7 月 11 日，美国总统乔·拜登向世人展示了这张照片，它作为韦布太空望远镜的首张作品，为人们展示出了迄今为止最为详尽的"深空"画面。

引力透镜

在这张照片中，除了前景的恒星与无数的遥远星系，那些突出的光弧也格外引人注目。这些光弧大多环绕在照片中心位置的大质量星系周围，它们实际上是遥远背景星系的映像，被星系团的强大引力所扭曲和放大，仿佛是通过一个巨大的宇宙透镜在窥探深邃的宇宙。

爱因斯坦早在 1916 年就预言了光线会因引力而发生扭曲，但直到 1936 年他才意识到引力透镜现象的存在。之后又过了数十年，人们终于在 1979 年发现了第一个引力透镜实例。

如今，我们已经知道宇宙中有数千个这样的引力透镜，它们为天文学家研究曾经遥不可及的天体提供了难得的机遇。

值得关注的是，不仅是庞大的星系团，即便是单个重星系也能扭曲并增强背景天体的光线。照片中心右上方的成像就是个典型的例子，我们从中可以看到这种效应的具体表现形式。得益于引力透镜，韦布太空望远镜可以在这张首发照片中拍摄到距离我们超过 130 亿光年的星系。

> **沙粒**
>
> 这张照片所展示的星空区域，其实际大小与一粒伸手可及的沙粒相当。这不禁令人遐想，无论我们将这颗"沙粒"对准夜空的哪个方向，其背后总隐藏着数千个遥远的星系，等待着人类去探索和发现。

◀ 照片来源：NASA/ESA/CSA/STScI

大都市

2022年12月29日的夜晚，日本宇航员若田光一（Koichi Wakata）从地球轨道上拍摄到了这张东京的璀璨夜景。相较于白天难以辨认的画面，夜晚的东京在灯光的映衬下显得分外清晰，这张照片便是通过95毫米长焦镜头精心拍摄而得。

东京，这座大都市的典范，与周边众多城镇和城市共同构筑了一个庞大的都市圈。其"市中心"被划分为23个自治的特别行政区。在这621平方千米的土地上，居住着约900万人口，人口密度每平方千米超过14 000人！而周边毗邻的城镇和城市，更是汇聚了超过2500万的居民。这个被称为大东京都市圈的地区，面积竟相当于荷兰乌得勒支省的1.5倍。从全球范围看，世界上最大的都市圈是中国广州及其周边地区，欧洲最大的都市圈则在伦敦，其在世界大都市列表中排名第25。就面积而言，算上都市圈所有的城镇，东京是地球上最大的城市。

向城市迁移

联合国数据显示，随着城市化进程的加速，全球约一半的人口已汇聚于城市之中，且这一比例仍在攀升。在欧洲，城市人口占比更是高达2/3（尽管欧洲最大城市的规模在全球范围内并不突出）。值得注意的是，在贫困或发展中国家，巨型城市的吸引力尤为显著。这一现象与19世纪欧洲国家所经历的城市化浪潮颇为相似，当时农村就业机会的匮乏推动了人口向城市的大规模迁移。然而，城市往往难以迅速适应人口的激增，许多大都市内部因此形成了贫民区，导致贫困问题凸显。同时，人口老龄化、基础设施薄弱以及生活条件欠佳等问题也随之而来。更为严峻的是，许多大城市都位于气候变化敏感区域。正因如此，联合国在其2030年可持续发展目标行动倡议中，将"目标11——建设可持续发展的城市和社区"作为重点关注议题。

> **大都市**
>
> 说到"大都市"这一概念，其词源来自希腊语"Metropolis"，意为"母城"。这类城市不仅是居民的聚集地，更是文化、金融等活动的中心。因此，"大都市"一词也常被用来指代那些具有关键性中心功能的城市。

▶ 照片来源：NASA/JAXA/若田光一（ISS068-E-35544）

33

34

银河系中的"尘埃之巢"

18世纪80年代,威廉·赫歇尔(William Herschel)凭借他手工打造的望远镜,执着地探寻着双星、星云以及彗星的奥秘。在深入天蝎座的心脏地带时,他偶然瞥见了一片与众不同的区域。那片区域相较于周边繁星点点的宇宙显得异常黯淡。赫歇尔以诗人的情怀,将这个幽深的宇宙角落描述为"天空之洞"。

随着时间的流逝,更多这样的"天空之洞"被陆续发现。然而,它们真实的面目直到20世纪初才被天文学家们揭开。原来,它们并非真正意义上的空洞,而是由密集的尘埃云团构成。这些尘埃云团有效地遮挡并吸收了来自遥远恒星的光线。

1919年,美国天文学家爱德华·爱默生·巴纳德(Edward Emerson Barnard)编制了一份详尽的目录,收录了370个类似的宇宙尘埃云。这些尘埃云在银河的繁星背景下特别显眼,主要分布在由无数遥远恒星织成的银河光带之中。

在这些被称为黑暗星云的区域内部,物质存在极为稀薄,每立方厘米的分子数量不过几百个,仅为地球大气层密度的百亿分之一。然而,由于这些星云绵延数光年,它们依然能够完全遮挡住背后恒星的光芒。

黑暗中的红光

在这张令人叹为观止的照片中,我们可以观察到距离我们约650光年的黑暗星云巴纳德59号(B59)。这个巨大的星云位于蛇夫座中,宽约6光年,由多条蜿蜒曲折的尘埃丝带构成。在这片星云的深处,新的恒星正在悄然诞生,它们的光芒透过尘埃的束缚,正在将部分云团点亮。

若你细心观察,会发现星云边缘的恒星往往散发出红色的光芒。这是因为这些区域的密度较低,它允许恒星的光线从这里穿透,从而给我们提供了观测机会。然而,这些光线在穿过微小尘埃粒子(大小仅为千分之一毫米)时发生了散射,使光线变成了红色,这种现象与我们日落时看到的阳光变红颇为相似。

此外,这片区域中还蕴藏着众多其他的黑暗星云。巴纳德59号只是其中之一,它是我们俗称的"烟斗星云"的组成部分。这个星云的命名源于其别具一格的形状。在这个庞大的"烟斗"形状中,B59担当了烟嘴的角色,而B65、B66和B67则共同构成了烟斗的细长杆身,最后的B78则宛如烟斗的斗碗部分,形象地呈现了烟斗的头部形状。

> **黑暗星座**
>
> 在晴朗无云的夜晚,我们仅凭肉眼便能观察到银河系中一些巨大的尘埃云。这些云团在古人眼中如同形状奇特的云朵,可以幻化出各种动物的形象。南美洲的印加人和澳大利亚的土著居民便在这些尘埃云中看到了美洲虎、蟾蜍、狐狸、蛇、骆马、袋鼠以及大鸸鹋等动物的轮廓。这些尘埃云又被称为"黑暗星座"。

◀ 照片来源:欧洲南方天文台(ESO)

探索银河系的心脏地带

这张前所未有的详尽"照片",将我们银河系的核心地带展现得淋漓尽致,其艺术美感即便置于抽象艺术博物馆中也毫不逊色。此处的"照片"之所以加上引号,是因为它实则是基于南非一整套射电望远镜网络长达 200 小时的精密测量数据所构建的图像。

人迹罕至的南非小卡鲁盆地气候干燥,坐落于此的梅尔卡特(Meerkat)天文台由 64 面直径 13.5 米的抛物面天线构成。这些天线联手绘制了一幅细致入微的宇宙射电辐射图谱,揭示了一种人类肉眼无法捕捉的"光线"。

若使用常规望远镜观测银河系中心,我们的视线往往会被幽暗的尘埃云所遮挡。然而,射电辐射却拥有穿透这些尘埃的神奇能力。这类辐射大多源自电子沿磁场线做螺旋运动的轨迹。图像正中的明亮"光点"便是银河系的心脏,它位于射手座方向,距离我们大约 26 000 光年。值得一提的是,这个核心区域潜藏着一个质量约为太阳 400 万倍的黑洞("黑洞"介绍详见第 87 页)。在图像左侧,一条醒目的长条状垂直结构可能暗示着该区域的磁场走向。再稍往左移,可以看到若干形状不规则却异常明亮的区块,它们很可能是冷却后的气体云团,而新的恒星或许就在这些云团中悄然诞生。

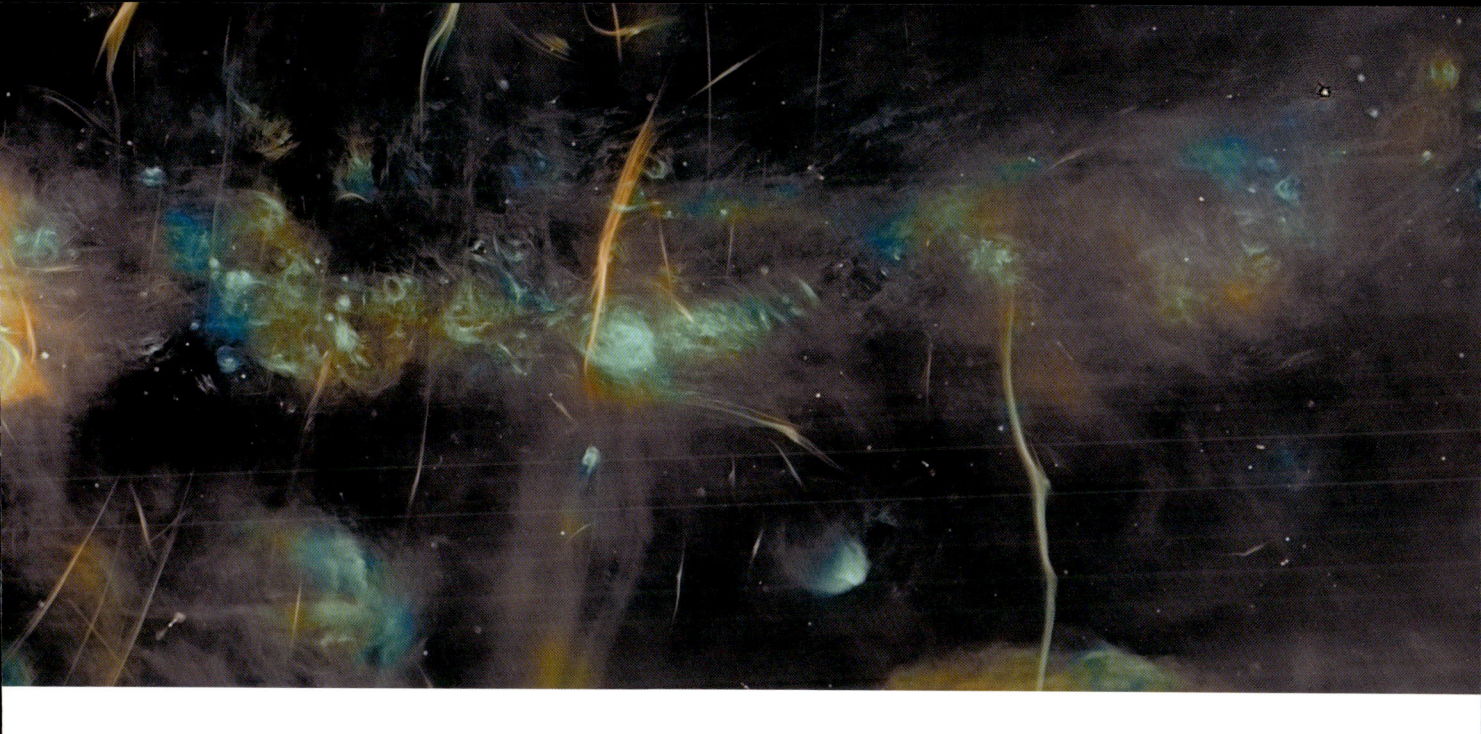

▲ 照片来源：南非射电天文台（Sarao）/I. 海伍德（I. Heywood）/J.C. 穆尼奥斯 - 马特奥斯（J.C. Muñoz-Mateos）

壳层与丝状结构

当重型恒星以超新星爆发的方式终结其生命时，它们会向外喷射出气体壳层，这些壳层同样会释放出强烈的射电辐射。在我们的图像中，这些超新星遗迹就像是无数个大小不一的圆形"气泡"（如图像左侧所示）。此外，在图像的右下方，一根纤细的丝状结构映入眼帘，其成因至今仍是个谜。整幅图像中还有许多其他清晰可辨的射电丝状物，它们的长度甚至可以达到惊人的 100 光年。

这幅图像所展示的区域在天空中的面积仅比满月略大，但它却通过丰富的色彩变化揭示了不同射电频率下辐射能量的分布情况。这为天文学家探究射电辐射来源之谜提供了宝贵的线索。

革命性的发现

早在 1933 年 4 月，美国无线电技术员卡尔·央斯基（Karl Jansky）就发现了银河系中心区域存在强烈射电辐射。然而，真正将射电天文学推上科学舞台的是荷兰天文学家扬·奥尔特（Jan Oort）。他在第二次世界大战后不久便投身于该领域的研究工作，而荷兰也因此一直在国际射电天文学界保持着领先地位。

38

撒哈拉之眼

在遥远的西非毛里塔尼亚沙漠深处，隐藏着一个壮丽的地质奇观——撒哈拉之眼，它更为人所熟知的官方名称是里查特结构。这个直径大约 50 千米，与阿姆斯特丹到莱顿距离相当的地质结构，无疑是世界上最引人注目的自然景观之一。过去，人们曾一度认为它是由巨大的陨石撞击所留下的陨石坑。然而，科学家们经过深入的地质研究发现，这一壮观的结构实际上是地球内部力量的杰作。尽管揭开了其形成的神秘面纱，撒哈拉之眼依然以其独特魅力吸引着无数人的目光，更是成为宇航员们镜头下的宠儿。这张记录了绝美瞬间的照片，便是由意大利宇航员萨曼莎·克里斯托弗雷蒂（Samantha Cristoforetti）在 2022 年 8 月 22 日拍摄到的。

地质学家们普遍认为，撒哈拉之眼实际上是一个巨大的"穹顶"结构的顶部。大约在 9900 万年前，地壳下方强大的上升力量将这个区域向上推起，形成了一个圆形的穹顶。随着时间的流逝，风雨的侵蚀作用逐渐剥离了穹顶的顶部，使得原本深埋在地下的岩层如同剥开的洋葱般层层显露，形成了如今我们所见的环状结构。

自然的雕刻家——侵蚀作用

在这个壮观的环状结构中，外圈的岩石年龄大约在 4.5 亿至 6 亿年，它们的硬度也各不相同。那些更为坚硬的岩石部分，相较于较软的部分，更能抵御风雨的侵蚀。正是这些坚硬的岩石，构成了我们如今所见的这些清晰的同心环棱，地质学家们称之为"库斯塔"（cuesta）。当我们越来越接近这个结构的中心时，地质构造的复杂性也随之增加。在这里，我们可以发现多种类型的地下火山活动留下的痕迹。而在中心位置，一个直径约 3 千米、厚度超过 40 米的巨大岩石包屹立于此，它由各种岩石碎块紧密结合而成。最新的研究观点表明，热水从地壳深处上涌，与富含钙质的岩石相遇后，溶解形成了大量大小不一的孔洞。这一过程被地质学家们称为喀斯特（Karst）作用。这些热水不仅带来了岩石碎片将孔洞填满，同时其中富含的二氧化硅还使这些碎块高度硅化。经过进一步的侵蚀作用，这些独特的结构最终暴露在地表之上，为我们留下了保存完好的喀斯特"化石"。

地质术语背后的故事

在地质学研究领域中，许多岩石和地貌结构的命名都源于它们首次被科学描述的地点。例如，"喀斯特"这一术语便来源于斯洛文尼亚的一个地名，因为那里是这种地质现象的典型代表。"库斯塔"在西班牙语中意为"坡"，被用来形容那些由侵蚀作用形成的非对称丘陵。而"角砾岩"一词则源自意大利语"breccia"，意为"破碎的"，形象地描述了这种岩石的特点。这些来自不同语言和国家的词汇和名字，如今已成为地质学领域的专业术语。

◀ 照片来源：NASA/ESA/ 萨曼莎·克里斯托弗雷蒂（ISS067-E-286458）

行星系统的诞生与演化

大约 45 亿年前，我们的太阳系尚处在成长的雏形之中。太阳初露锋芒，而行星们则在混沌中逐渐凝聚成形。长久以来，天文学家们对行星的起源充满了好奇与探索欲。他们观察到行星们都沿着同一方向绕太阳旋转，且几乎都处在同一平面上。这些发现促使科学家们推测：它们是否曾从一片扁平的、旋转着的气体和尘埃盘中诞生呢？然而，真相始终如雾里看花般难以捉摸。

直到 20 世纪末，人们在新生星的周围发现了那些神秘的"原行星盘"，才为这一谜题揭开了冰山一角。深入研究这些年轻的恒星，我们得以一窥太阳系形成的奥秘。

环带构造与间隙之谜

在众多的原恒星中，金牛座 HL 星（HL Tauri）成为科学家们重点研究的对象。它坐落于金牛座之中，年仅数千岁，质量却已是太阳的数倍之多。尽管人们早已知晓金牛座 HL 星拥有一个原行星盘，但因其距离我们超过 450 光年，使得普通的望远镜难以窥探其真容。

幸运的是，阿塔卡马天文台（ALMA）为我们捕捉到了这一壮观景象。这个位于智利北部、海拔 5 000 米之上的天文台，由 66 个大型抛物面天线构成，专门研究宇宙中波长较长的辐射。在这张照片中，毫米辐射主要由盘中较为冷却的气体所发射，而新生的恒星则隐匿其中，几乎无法看到。

金牛座 HL 星的原行星盘直径惊人，超过了 200 亿千米，远超我们的太阳系。盘中明亮的环带与暗淡的间隙形成了鲜明对比，显示出气体分布的不均匀性。科学家们推断，这种分布模式很可能是由更大物体的引力扰动所造成的。

种种迹象表明，在那些暗淡的间隙中，可能已有类似于木星和土星的气态巨行星正在悄然成形。令人惊讶的是，这一过程在恒星诞生后仅仅几十万年内便已开始，远超之前天文学家的预期。这无疑为我们太阳系行星的快速形成理论提供了有力证据。

> **行星遗迹**
>
> 我们太阳系的行星都是由更小的天体逐渐聚集而成。这些被称为微行星体的天体，直径通常不过几千米。然而，并非所有的微行星体最终都能演化为行星。小行星和彗星，便是这一演化过程中剩余的"材料"。它们是行星诞生过程中的遗留物，见证了太阳系行星形成的壮丽历程。

▶ 照片来源：阿塔卡马天文台［ESO/ 日本国立天文台（NAOJ）/ 美国国家射电天文台（NRAO）］

41

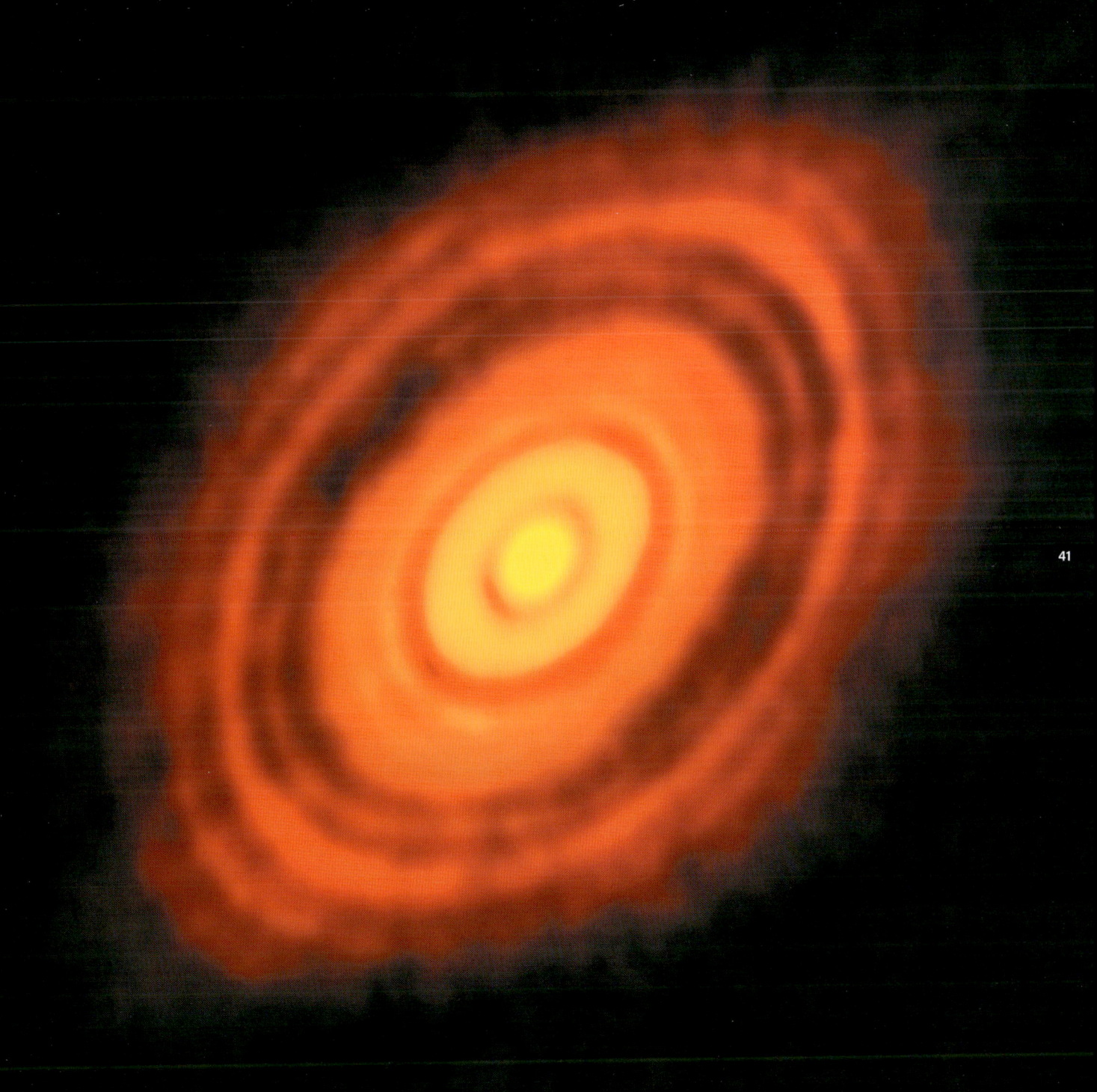

42

木星上的日食奇观

在这张照片的左侧，一道狭长的暗影引人注目，那是木星最大的卫星——盖尼米德（Ganymedes，即木卫三）所投下的阴影。在这幽深的阴影之中，一场完整的日全食正在悄然上演。在地球上，日全食被视作一种难得一见的天文奇观，然而，在几乎全由气体构成、无实体表面的木星上，日食却是一种常态。木星拥有4颗硕大的卫星，每当它们绕木星运行时，都会不可避免地穿越太阳与木星之间的连线，从而引发日食现象。

虽然照片中并未直接呈现盖尼米德卫星，但它此刻正隐藏在照片上方的某个位置。其阴影之所以如此绵长，原因在于它并非垂直投射在木星的云顶，而是以微小的倾斜角度遮住了太阳的光线。

木星的云顶景象蔚为壮观：混乱无序的长条状云带、猛烈的飓风以及混沌的涡流共同构成了这幅奇异的画卷。照片左上方的白色带状区域，便是木星赤道云带的一部分，那里的风速可高达每小时400千米。由于这颗气态巨行星的自转周期不足10小时，这些云带得以完整地环绕整个行星。

"朱诺"号的探索之旅

这张令人叹为观止的照片出自美国航天器"朱诺"号之手。"朱诺"号以罗马神话中的天后命名，自2011年发射升空后，于2016年7月正式进入绕木星的长椭圆轨道飞行。它的主要使命是深入探究木星的大气层与内部结构，同时，它也配备了一台简易的彩色摄像机，用以记录木星的壮丽景象。

由于航天器始终处在高速移动之中，这些原始照片往往会出现明显的几何失真效果。NASA将这些照片委托给专业的图像处理者，希望通过他们的技术还原木星的真实面貌。这张照片便是在距木星71 000千米的高空拍摄而成，后经法国人托马斯·托莫普洛斯（Thomas Thomopoulos）的精心处理，才得以呈现在我们眼前。为了更清晰地展现木星上错综复杂的云层图案，托莫普洛斯对照片中的色彩进行了人工增强。实际上，木星本身的色彩较为单一，主要呈现为淡黄色。

"朱诺"号凭借其角度独特的环绕木星轨道，首次为我们带来了木星极地区域的详尽图像。在木星的北极和南极周围，巨大的飓风环屹立不倒，每个飓风直径都达到了惊人的2500千米。更令人惊奇的是，"朱诺"号还发现大红斑（那场持续了至少350年的巨型风暴，未在此照片中露面）竟深入了500千米的地层之下。这场风暴异常剧烈，即在地球上使用小型业余望远镜也能清晰地观测到。

> **日全食的奇妙巧合**
>
> 在地球上，日全食被看作是一种壮观的天文奇观，这是因为太阳和月亮在天空中的视角直径几乎完全一致。虽然太阳的直径是月亮的400倍，但由于太阳距离我们更远，所以从我们的视角看，它们的大小看起来非常接近。正因如此，当日全食发生时，月亮能够完全遮挡住耀眼的太阳表面，而美丽的日冕却依然清晰可见，给观赏者带来极致的视觉享受。

▶ 照片来源：NASA/喷气推进实验室-加州理工学院（JPL-Caltech）/美国西南研究院（SWRI）/多频率快照巡天（MSSS）/托马斯·托莫普洛斯

地球上的撞击坑

恐龙时代的终结者

大约在 6600 万年前，一个直径大约 10 千米的小天体猛烈地撞击了地球，撞击地点位于现今墨西哥尤卡坦半岛的西北部。这次惊天动地的撞击形成了一个直径约 180 千米、深度约 20 千米的巨大陨石坑。可以想象，如果这个小天体撞击在阿默斯福特（荷兰的一座城市），那么荷兰的大部分土地将会瞬间化为乌有，即便幸存的部分也会遭受严重破坏。这次撞击引发的后果极为严重，它扰乱了全球气候，导致长达数年的气候失调，进而使得地球上约 3/4 的动植物物种走向灭绝。尽管有关这次撞击是物种灭绝的直接原因，还是仅仅加速了已经开始的灭绝进程，科学家们仍存争议。在 20 世纪 70 年代末，地质学家在尤卡坦地区勘探石油时意外发现了这个陨石坑。直到 90 年代初，通过对尤卡坦地下深处岩石样本的深入研究，才最终证实这确实是一个由天体撞击形成的陨石坑。如今，这个巨大的陨石坑已被后续的沉积物和岩石所掩埋，在地表已难觅其踪。

月球上的撞击坑对大家来说并不陌生，它们是太阳系中各种大小不一的天体与月球相撞后留下的疤痕。其中，最大的撞击坑可追溯到数 10 亿年前。随着时间的推移，撞击天体的数量逐渐减少，撞击的频率也大幅降低。

地球撞击坑的消失之谜

地球在其漫长的历史演变过程中，也曾遭受过无数次的撞击。然而，由于地球表面不断变化和侵蚀作用，我们发现的撞击坑数量寥寥无几。地壳板块的移动导致现有地壳沉入地幔深处，同时新的岩石不断涌现。风化作用逐渐削平高山，而侵蚀作用则将碎石泥土带入海洋。风力侵蚀岩石，并用沙子填平撞击坑。植物的生长进一步掩盖了地形特征。因此，地球上的撞击坑逐渐消失、被掩埋或淹没在水中。目前，地球上已知的撞击坑数量不超过 170 个。例如，右页这张拍摄于 2020 年 3 月 20 日的照片展示了纳米比亚沙漠中的罗特·卡姆（Roter Kamm）陨石坑，坑体的大部分已被沙子填满。这个直径为 2.5 千米的陨石坑已经存在了约 500 万年。

德国的陨石坑遗迹

在德国南部的诺德林根有一个保存相当完好的陨石坑，它的直径约为 23 千米。尽管该地区一直进行着农业和林业活动，但这个陨石坑仍然清晰可见。在陨石坑西南部的镇子上，人们还专门建造了一座展示陨石坑历史的博物馆。

▶ 照片来源：NASA（ISS056-E-131048）

45

46

大丽花之地的奥秘

在西班牙南部的海岸线上，紧邻阿尔梅里亚（Almería）的西侧，隐藏着一个巨大的白色"城市"。若从卫星视角俯瞰，白天它熠熠生辉，但到了夜晚却几乎销声匿迹。这一现象颇为奇特，因为通常大城市在夜晚的卫星图像中都会以璀璨的光源形式出现。然而，这座看似繁华的西班牙"城市"，其实并非真正意义上的都市，而是欧洲规模最大的温室农业集群，其面积足足是荷兰温室面积总和的 3 倍。当你在超市的货架上拿起标签上写着"产自西班牙"的番茄、黄瓜、甜椒或甜瓜时，它们很有可能就来自这片神奇的土地。

回溯到 20 世纪 50 年代，这片被当地人称为"达利亚之地"（Campo de Dalías）的区域，原本是一片布满了灌木、草地和零星农田的海岸平原。那时，农民们在这片土地上种植着季节性的蔬菜。但阿尔梅里亚省是西班牙最为干旱的地区之一，沿海地区更是常常狂风肆虐。农民们不得不面对风沙的侵扰和咸水的侵袭。为了保护他们珍贵的作物，20 世纪 50 年代到 60 年代，农民们开始尝试用沙子、植物残余和木屑来覆盖农田，并进而采用塑料薄膜对土地进行遮盖。令人惊喜的是，他们很快发现这样做能显著提高农作物的产量。塑料薄膜不仅能使土壤保持温暖，还能收集冷凝水供作物吸收。这一成功的做法迅速在该地区普及开来。久而久之，这片土地被冠以"塑料之海"（Mar de Plástico）的雅称。法国宇航员托马斯·佩斯凯（Thomas Pesquet）于 2021 年 6 月 7 日拍摄的照片，就捕捉到了这一区域的部分景象，其中照片的左侧中央位置便是埃尔·埃希多镇。

考试中的温室考题

值得一提的是，这里的多数温室并没有安装照明设备，因此在夜晚的卫星图像中它们并不显眼。得益于充足的阳光照射，这些温室的能耗远低于荷兰的标准。然而，这种农业模式对水资源的需求也相当巨大。在早期，农民们主要依靠抽取地下水来满足灌溉需求。尽管种植技术在不断进步，但农作物对水的需求远远超出了地下水资源所能承受的极限。自 2015 年起，该地区开始利用海水淡化技术将海水转化为淡水，以解决水资源短缺的问题。有趣的是，在 2019 年当地的高中地理考试中，有关这里温室农业的内容成为一道考题。

色彩的降温效果

你可能会注意到，这里的所有温室都采用了浅色设计，这样做的目的是反射阳光。根据卫星测量的数据显示，从 1983 年到 2006 年，该地区的气温每 10 年会下降约 0.3°C，而周边地区的气温却以每 10 年上升约 0.5°C 的速度在攀升。由此可见，这些浅色温室对其周边环境实际上起到了降温的作用。

◀ 照片来源：NASA/ESA/ 托马斯·佩斯凯（ISS065-E-92942）

难以征服的众神之巅

对于热爱登山的人来说，登顶太阳系中的最高峰无疑是一个伟大的梦想，但这样的壮举需要超乎寻常的勇气和力量。正因如此，照片中这座巍峨的火山被赋予了"奥林匹斯山"之名。这个名字源自古希腊神话中众神的居所，象征着神秘与崇高。

奥林匹斯山矗立在火星之上，那里的环境极为恶劣，平均气温低至零下50℃，大气层在海拔较低处变得稀薄，几乎无法为生命提供必要的氧气。想要攀登这座高山，首先得面对约6千米高的陡峭悬崖，这是这座巨大盾状火山的"外缘"。之后，还需长途跋涉数百千米，才能抵达山顶。奥林匹斯山的直径约为650千米，与整个波兰的跨度相当。其山顶高出周围地形25千米，这一高度几乎是地球上珠穆朗玛峰的3倍。当你终于登上山顶，会惊讶地发现一个直径超过80千米的巨大复合火山口。

然而，即使成功登顶，你也难以在此欣赏到壮丽的风景。因为火星的体积小于地球，地平线仅在数千米之外就戛然而止。站在奥林匹斯山顶，你并不会有如站在太阳系之巅的宏伟感觉。

小型行星与高山形成的关系

那么，为何在体积较小的火星上，山峰能够比地球上的更加高耸呢？答案既简单又令人感到惊讶：小行星更容易形成高耸的山峰。由于火星的重力弱于地球，因此其山顶在自身重力作用下下沉的速度相对较慢。

这张照片由美国"维京"1号探测器于1978年拍摄。在奥林匹斯山的山坡上，可以清晰地辨认出两个巨大的撞击坑：较大的名为卡尔佐克（Karzok），另一个则是彭博什（Pangboche）。随后的火星探测器利用更先进的相机拍摄到了许多小型陨石坑。但有趣的是，在火山的西北坡（照片左上方），这些小陨石坑的数量明显减少。这一发现表明，该地区的熔岩流可能仅有数千万年的历史——这在地质学上被认为是相当年轻的。因此，我们有理由相信，这座火星上的"众神山"可能仍保有一丝微弱的地质活动，这也为我们提供了更加充分的理由来彻底放弃攀登这座高山。

重力与地形起伏

重力的强弱对天体的形状有着显著影响。重力越强，天体越难以偏离标准的球形。正因如此，地球上的山峰普遍比火星上的要低矮。可以想象，如果有一颗比地球大2倍的岩石行星，其地形起伏将会更加平缓。而对于像小行星和小卫星这样的小型天体，它们的形状可能会非常不规则。

▶ 照片来源：NASA

49

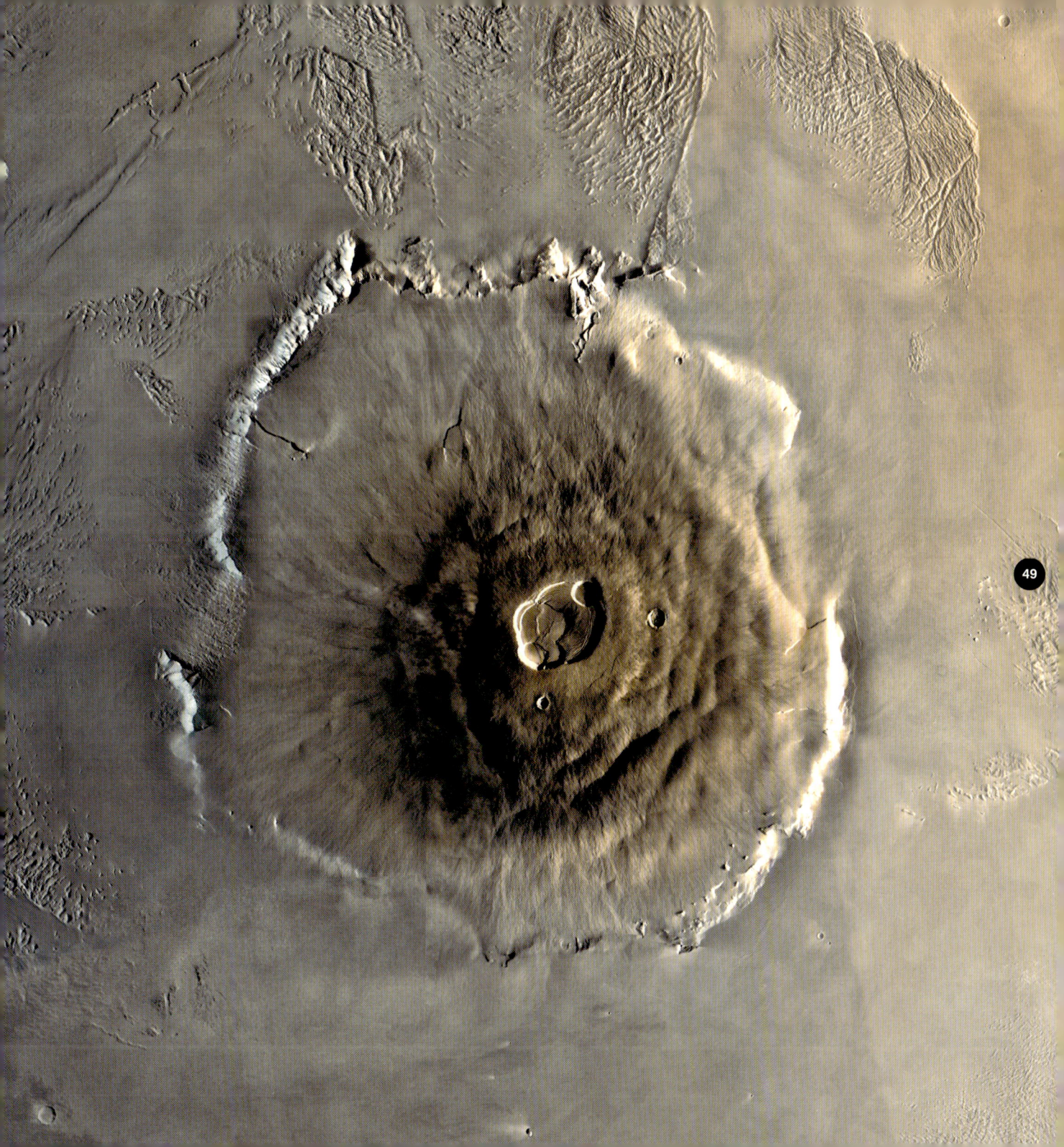

50

天空中的璀璨烟火

客星与蟹状星云

在遥远的 1054 年夏天，夜空中金牛座方位出现了一个令人叹为观止的景象。一颗新星骤然亮起，如同天空中的一颗璀璨明珠。其光芒之强烈，甚至在白天也清晰可辨。这一奇景不仅被中国和韩国的历史文献所记载，也引发了世界各地人们的极大关注。

正是在这颗被称为"客星"的星体曾经闪耀的位置，人们惊奇地发现了一个星云。这个星云在 1731 年被发现，并因其独特且不规则的形状而被命名为蟹状星云。如今，随着科学技术的进步，我们已经了解到蟹状星云实际上是那颗在 1054 年震撼天空的超新星爆发的遗留之物。超新星，这一宇宙中的壮观现象，代表着大质量恒星在生命终结时发生的惊天动地的爆炸。历史上，我们的银河系曾在 1572 年和 1604 年两次有幸见证了超新星的爆发；而在 1987 年，大麦哲伦星云——这个银河系的小伴侣，也上演了一次超新星爆发的天文大戏。

当你将蟹状星云近期的照片与一百年前的影像进行对比时，会惊讶地发现这片星云正在不断地向外扩张。爆炸后的恒星物质以每秒高达 1500 千米的惊人速度向宇宙深处飞散，仿佛在诉说着曾经的那场宇宙级别的灾难。更为神奇的是，在星云的核心区域，隐藏着一个被称为脉冲星的神秘天体。它是一个微小却炽热、密度极高的恒星核，每秒能自转 30 次，展现出了宇宙无穷的魅力。这个脉冲星，正是那颗曾经辉煌的超新星坍缩后的核心遗迹。

◀ 照片来源：NASA/ESA/NRAO/ 美国联合大学公司（AUI）/ 美国国家科学基金会（NSF）/ 钱德拉 X 射线中心（CXC）/JPL-Caltech/STScI/G. Dubner/A. Loll/T. Temim/F. Seward

看不见的光

蟹状星云所展现的美，并不仅仅局限于我们肉眼可见的范围。除了发射出迷人的可见光之外，它还释放出众多其他类型的电磁辐射，这些是我们肉眼所无法直接观察到的"不可见光"。为了更全面、更深入地了解星云内部正在发生的物理现象，天文学家们需要综合运用各种观测手段来研究这些辐射类型。在这幅色彩斑斓的合成图像中，我们得以一窥蟹状星云的全貌：红色的部分代表美国新墨西哥州的甚大阵（Very Large Array）的观测数据，黄色则展示了斯皮策太空望远镜（Spitzer Space Telescope）捕捉到的红外辐射，绿色部分是由哈勃太空望远镜所拍摄的可见光图像。此外，蓝色和紫色分别代表了欧洲 XMM- 牛顿太空望远镜（European Space Telescope XMM-Newton）测量的紫外辐射以及美国钱德拉 X 射线天文台（Chandra X-ray Observatory）观测到的高能 X 射线。可以说，这幅图像是我们借助科技的力量，用一双能够感知所有光线形式的超级慧眼，揭开的蟹状星云的神秘面纱。

每秒一次

尽管超新星爆发在我们银河系内部属于相对罕见的天文现象，但放眼整个浩瀚无垠且充满神秘的宇宙，这种现象却并不稀奇。宇宙中包含着数以千亿计的星系，这意味着在宇宙的某个角落，平均每秒钟就有一颗恒星在经历着惊心动魄的爆炸过程！正是通过对这些遥远超新星的研究，天文学家们才得以揭开宇宙正在不断加速膨胀的惊人事实。

漂移的大陆

板块构造学

当你细心比对南美洲东部与非洲西部的海岸线时，会发现它们像拼图一般可以完美对接。这种奇妙的契合不仅限于这两块大陆，世界各地均有类似的现象。过去的学者们也察觉到了这一点，并逐渐形成了一个观点：如今分散的大陆在遥远的古代曾经是紧密相连的。对岩石与化石的深入研究进一步印证了这一推测。1915年，德国科学家阿尔弗雷德·魏格纳（Alfred Wegner）在其著作《大陆与海洋的起源》（Het ontstaan van de continenten en ocean）中，科学地提出了大陆漂移的理论。

回溯大约两亿年前，所有的大陆曾汇集成一个巨大的超级大陆——盘古大陆。但随着时间的流逝，它逐渐分裂，每个部分开始各自的漂移之旅。虽然关于这种漂移的动力众说纷纭，但始终没有一个理论能够完美解释地球上山脉的真正成因。

直到20世纪60年代，随着科学技术手段的不断突破，人们借助磁测量技术惊奇地发现，大西洋中脊两侧的海底正在缓缓向外移动。这一观察结果在其他海底脊线处也得到了验证，从而为板块构造学说提供了强有力的支持。原来，地球内部的热量驱动着深处的黏稠岩浆气泡上升与下沉，而地壳则由大约9个大板块和6个小板块组成，这些板块以每年几厘米的速度在这些气泡上缓缓漂移。

棘手的难题

板块交界处的地壳运动尤为活跃。当板块相遇或分离时，地壳会发生水平和垂直的移动，同时伴随着火山喷发、温泉涌现和地震发生。2023年2月土耳其和叙利亚的地震便是一个触目惊心的例证。板块构造学说为我们揭示了山脉的诞生之谜。但不得不承认，无论是现在还是过去，板块边缘地带的地壳活动进程都异常复杂，堪称地质学家面临的最棘手难题之一。

新西兰便是一个绝佳的案例。一张由宇航员在2015年1月24日拍摄到的照片清晰地显示了新西兰，它的形成过程得益于澳大利亚板块（照片左侧）与太平洋板块（照片右侧）的相遇。从照片中我们朝东北方向望去，南岛位于下方，白雪皑皑的新西兰南阿尔卑斯山清晰可见，而北岛则位于上方。两大板块的边界线恰好从阿尔卑斯山下方向东北延伸，随后又向东环绕过北岛。电影《指环王》（Lord of Rings）中展现的奇幻风光，正是这两大板块相遇的杰作。

> **大西洋脊的悠然漫步**
>
> 若你有机会亲临冰岛的辛格维利尔国家公园（Pingvellir Nationale Park），你甚至可以沿着大西洋中脊悠然漫步。这里，北美板块（西侧）与亚欧板块（东侧）的分界线从雷克雅未克穿城而过，向东北方蜿蜒延伸。

▶ 照片来源：NASA（ISS042-E-170586）

53

54

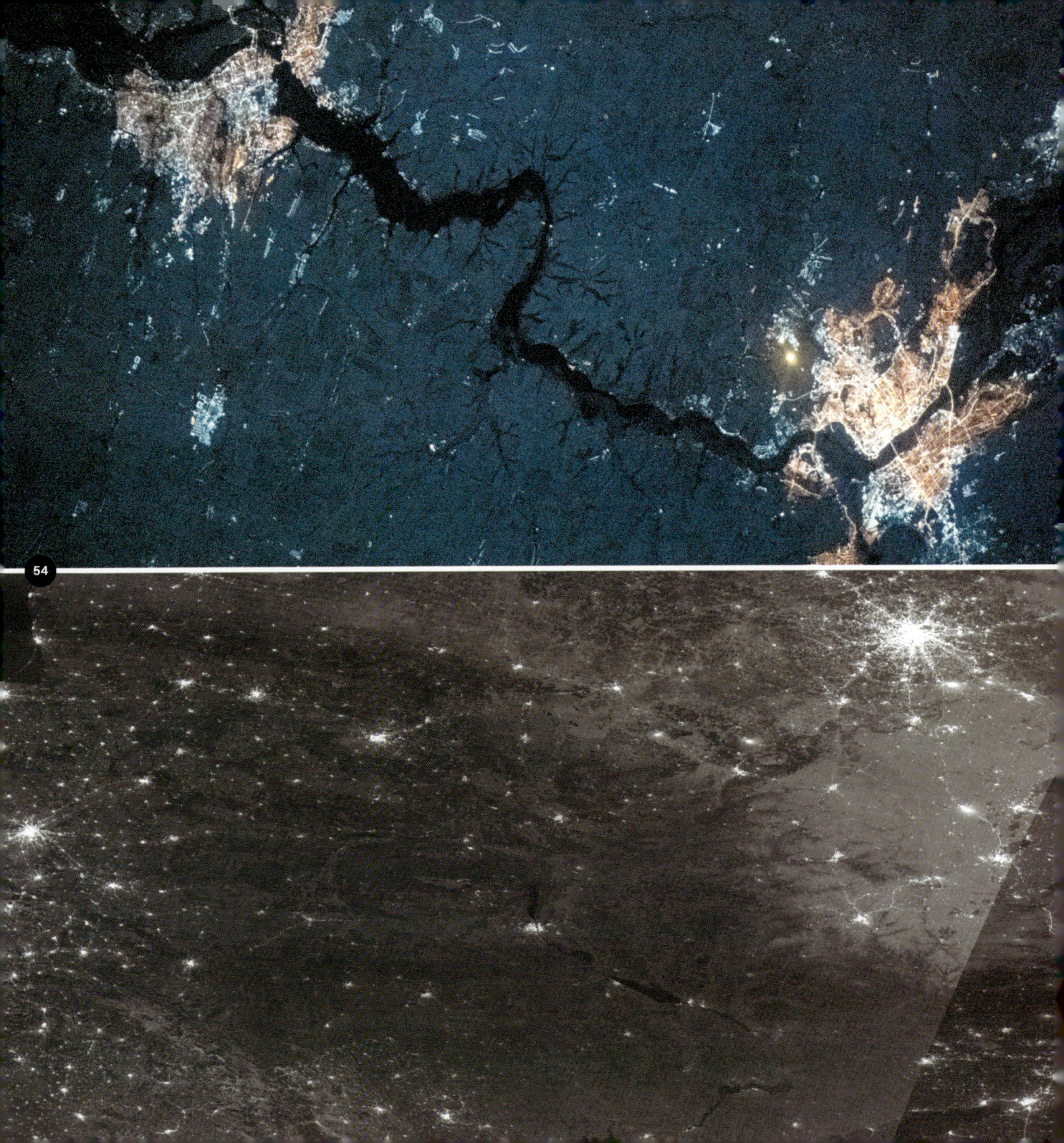

太空视角下的冲突观察

不平静的蓝色星球

尽管听起来可能有些不可思议，但从地球轨道俯视，我们确实能够观察到这颗星球上的各种纷争与冲突。上面展示的照片，是德国宇航员马提亚斯·毛雷尔（Matthias Maurer）在 2022 年 1 月 19 日晚从太空拍摄的乌克兰东南部夜景。在画面中，扎波罗热与第聂伯的灯火形成了鲜明对比。而仅仅两个月后，即 2022 年 3 月 22 日，美国地球观测卫星苏米 NPP（Suomi NPP）捕捉到了乌克兰大部分地区陷入黑暗的场景，只有第聂伯微光闪烁，扎波罗热则完全笼罩在夜幕之中。这是乌克兰实施的灯火管制措施的结果。

在地球的许多角落，尤其是在夜晚，从太空可以清晰地看到冲突与地缘政治的深刻影响。朝鲜半岛的夜晚便是一个生动的例子：朝鲜境内几乎一片漆黑，而周边地区却灯火辉煌，首尔在画面中尤为显眼。在两国边界上，一条由探照灯构成的光带蜿蜒曲折，标志着南北两地的分界线。在印度与巴基斯坦的边界，同样可以看到这样的光带，它从印度洋海岸一直延伸到喜马拉雅山脉，明亮的橙色灯光凸显了两国重兵防守的边界。

城市光影的分界线

在中国，夜晚的香港与深圳这两座城市的光影色彩也有一些不同：香港以温暖的橙色为主调，而深圳则呈现出蓝白色的光芒。此外，卫星上的热传感器能够全天候捕捉地面上的热源，无论是油田的火炬装置，还是战场上的熊熊烈焰，都无处遁形。

在白天，太空视角下的地球则向我们展示了另外一番景象。例如，被故意点燃的油井，就像 1991 年科威特的场景，或是 2016 年在伊拉克北部和叙利亚东北部被驱逐的"伊斯兰国组织"（ISIS）所留下的痕迹。更令人难忘的是，2001 年 9 月 11 日清晨，国际空间站偶然飞越美国东北部时，宇航员弗兰克·卡尔伯特森拍摄到了纽约双子塔燃烧的悲壮瞬间。

有时，我们需要更仔细地审视这些卫星照片，才能发现土地使用或布局上的差异。一个突出的例子便是以色列和巴勒斯坦的对比。从太空中可以清晰地看到人口稠密的巴勒斯坦加沙地带与周边人口稀疏的以色列地区之间鲜明的差异。

地理定位的力量

这些卫星照片和其他类型的观测数据，成为专家们独立研究地球各类事件的有力工具。例如，国际调查组织贝灵猫（Bellingcat）就利用这些图像数据，精确定位了地面上拍摄的照片和视频的具体位置，从而验证了相关报道的真实性。

◀ 照片来源：NASA/ESA/ 马提亚斯·毛雷尔（ISS066-E-122482）、NASA/Worldview/ 苏米 NPP、NASA（ISS045-33081）、NASA/ 弗兰克·卡尔伯特森（ISS003-5387）

蓝色绿洲

这是一个前所未有的视角，人类首次以这样的角度凝视自己的家园——地球。它宛如悬浮在深邃黑暗太空中的蓝色绿洲。当宇航员弗兰克·博尔曼（Frank Borman）、吉姆·洛弗尔（Jim Lovell）和比尔·安德斯（Bill Anders）看到这一壮丽景象时，内心的震撼与感动几乎让他们热泪盈眶。在"阿波罗"8号飞船环绕月球的旅途中，他们有幸目睹了地球从月球背后缓缓升起的壮观场面。NASA将这一具有历史意义的瞬间命名为"地球升起"，并巧妙地调整了照片的角度，使得地球仿佛是从月球的地平线上冉冉升起一般。

1968年12月24日，世界处于一个充满变革与动荡的时期。美国在越南引发的战火熊熊燃烧，与此同时，美国与苏联之间的军事太空竞赛愈演愈烈。尽管嬉皮士们以爱与和平为口号，但地球上仍充斥着混乱与恐惧。而这一切，都发生在那颗悬挂在宇宙黑色天鹅绒背景中的脆弱蓝色星球上。面对如此景象，人们的情感怎能不为之动容？

遥望地球

"阿波罗"8号环绕月球的飞行是人类首次尝试载人飞往月球。虽然它未能实现月球着陆，但开启了人类从太空遥望地球的新纪元。几十万年来，人们一直在不懈地探索并用画笔绘制着自己的家园；而今，我们首次有机会从近40万千米外的太空凝视地球。

这张著名的"地球升起"照片，精准地捕捉了宇航员们眼前的景象，其中北方位于画面的右上方。在地球明亮的一侧，右边隐约可见非洲东北部的轮廓（主要是摩洛哥和阿尔及利亚），而下方则是纳米比亚蜿蜒的海岸线。倘若你手头有一幅地图或地球仪，便会发现那条晨昏线——昼夜交替的界限，并非严格地沿着南北方向延伸，而是呈现出一种倾斜的姿态。这张照片拍摄于北半球冬季伊始，彼时的欧洲已然沉浸在夜幕之中。

月球上遍布着撞击坑和连绵不绝的荒凉之地，景观单调无趣。与之相比，地球的生机与多彩显得更加突出。我们的宇宙家园在这一刻显得异常脆弱而珍贵。或许冥冥之中似乎有某种天意，20世纪60年代末的环保运动方兴未艾，恰巧此时"阿波罗"8号拍下了这张标志性照片，它向世人传达出一个深刻的信息：地球的宜居并非理所当然的存在，它值得我们每一个人去珍视、保护和关爱。

"地球之升"

在地球上，我们习惯了欣赏月亮在傍晚的天空中升起，由此推算，在月球上也应该能目睹地球的升落。但遗憾的是，月球上几乎无法看到这一景象，因为月球面向地球的一面永远固定。倘若你站在月球"正面"的中心位置，地球将始终高悬于天际之上；而若你身处"背面"，则永远无法窥见地球的真容。

▶ 照片来源：NASA/ 威廉·安德斯

57

58

壮观的大峡谷

地球上最为壮观的自然瑰宝之一的大峡谷，坐落于美国亚利桑那州的北部。这幅绝美的画面由美国宇航员梅根·麦克阿瑟（Megan McArthur）在2021年8月7日从太空中所记录。从太空望去，这一奇迹般的景致尽收眼底。在这张照片中，视野的左上方是辽阔的北方，而那些世界闻名的观景点，则多位于照片下方展示的南缘地带。

深藏于大峡谷底部的岩石，其历史可追溯至遥远的18.4亿年前，由来自地球内部的火山物质冷凝而成。这片土地在漫长的岁月里，曾是浅海的海床，或是毗邻海洋的陆地。在这样的环境下，岩石层层叠加，记录着环境的变迁。尽管大约在15亿年前经历了一次地质的动荡，但这一区域始终维持着相对稳定的状态，因而岩层大多平整地堆积。详细的地质研究显示，此地曾遭受过剧烈的侵蚀作用。距今约2.7亿年前，那些较为年轻的岩石几乎全部被剥蚀而尽。在7000万至3000万年前，地壳的运动催生了落基山脉，原本平坦的科罗拉多高原逐渐被抬升，至今海拔已达到约2000米。此处的河流发源自落基山脉，向西南缓慢流淌，其中就有形成于600万至500万年前的科罗拉多河。

河流侵蚀的杰作

科罗拉多河在广袤的平原上曲折蜿蜒，它蕴含着强大的能量，不断地侵蚀着地表。随着河流的深切，它在高水位加剧了对陡峭河岸的侵蚀，导致岩壁崩塌，河谷因此变得更为宽阔。此外，极大的日夜温差导致的机械风化，以及降雨和融雪的冲刷，也都在不断地侵蚀着岩壁。所有这些被侵蚀下来的物质，最终都被河流带走。而科罗拉多高原上砂岩中富含的氧化铁，则赋予了这片土地美丽的红色和橙色。

保护区

大峡谷的宏伟景象，总是能够让每一个到访的游客感到震撼。为了守护这一自然界的神奇宝藏，美国政府于1919年正式将该区域定为国家公园。到了1979年，联合国教科文组织更是将其列为世界自然遗产，以彰显其独特的自然价值和对人类的重要性。

◀ 照片来源：NASA/梅根·麦克阿瑟（ISS065-E-231880）

奥卡万戈三角洲

位于非洲南部博茨瓦纳的奥卡万戈三角洲（Okavangodelta）以其无与伦比的美景被誉为世界上最迷人的自然保护区之一。在这张由意大利宇航员萨曼莎·克里斯托弗雷蒂（Samantha Cristoforetti）于 2022 年 9 月 17 日拍摄到的照片中，我们可以在右侧看到它崎岖而神秘的黑色纹理。与众多坐落于湖泊或海洋边缘的河流三角洲不同，奥卡万戈三角洲隐藏在内陆深处，它与马里的尼日尔河三角洲以及乌兹别克斯坦的阿姆河三角洲风格相似。

伴随着雨季的结束，奥卡万戈三角洲的面积可扩大到惊人的 15 000 平方千米。它实际上是一个庞大的古湖泊——马卡迪卡迪湖（Makgadikgadi）的遗迹。这个湖泊存在于 200 万至 1 万年前，其遗址主要散布在三角洲的东南区域。古老的奥卡万戈河、宽多河（Cuando）和上赞比西河（Boven-Zambezi）的源头都隐藏在安哥拉境内，它们曾经共同滋养着这片古老的湖泊。最初，这些河流汇入浩渺的林波波河（Limpopo），并最终流入印度洋的怀抱。然而，在博茨瓦纳的北境，地壳的断裂改变了这一切。约 200 万年前，地壳沿着一道断裂带崛起，隔断了它们与林波波河的联系，进而在如今的卡拉哈里沙漠中心孕育出一个日益扩展的高地湖泊——马卡迪卡迪湖。将时针拨回到大约 20 000 年前，湖泊水位的抬升使得湖水向东北方溢出，经由赞比西河与壮观的维多利亚瀑布奔流而出。河流携带的丰富泥沙沉积于湖底之中，同时疾风也将大量沙子卷入湖内，湖泊因此逐渐变浅。在酷热的气候条件下，湖泊几近干涸。如今，马卡迪卡迪湖仅存的遗迹便是广袤的盐碱地和眼前的三角洲。

110 亿立方米的雨水

每年，这里的河流携带着约 110 亿立方米的雨水呼啸流过，滋养着这片土地。雨季结束时，这片三角洲的面积会扩张至极限，几乎相当于荷兰国土面积的一半。这里密布着无数小溪、池塘与小岛，构成了植物、动物乃至游客们心中的户外天堂。最终流抵三角洲尽头的河水，则会向东北与西南两个方向分流。

季节性火灾

在照片的左侧，我们可以看到一些白色的斑点，这是季节性火灾的痕迹。在南部非洲，许多农民在准备播种时，会焚烧田地上的植物残留物。这种焚烧不但可以为土壤提供养分，还是一种经济实惠的田地清理方式。每年的 9 月前后，广阔的田地常被烟雾笼罩。然而，世界卫生组织（WHO）的统计数据显示，这类火灾产生的烟雾每年竟导致全球 700 万人的死亡。正是这些烟雾与尘埃，为这张照片蒙上了一层朦胧的色彩。

▶ 照片来源：NASA/ESA/ 萨曼莎·克里斯托弗雷蒂（ISS067-E-370917）

61

62

雄伟的螺旋臂

19世纪中叶，杰出的天文学家威廉·帕森斯（Willianm Parsons, 1800—1867）借助他亲手打造的望远镜在夜晚凝视着深邃的宇宙。当他观察宇宙中壮美的星系时，他就想到了要用漩涡的意象来描述它。自17世纪初望远镜问世以来，虽然天文学家们已经发现了数百个朦胧的星云，但帕森斯独具慧眼，成为首位观察到这种螺旋构造的天文学家。

这个发现对技术的要求极高。帕森斯使用的巨型望远镜的镜面直径达到了惊人的1.8米，并且需要掌握极其烦琐的操作手法，非一人之力所能及。在爱尔兰中部的宏大庄园里，帕森斯（人们也尊称他为罗斯伯爵）精心构建了这台天文望远镜。1845年，望远镜搭建而成，仅仅2年之后，他便通过它绘制出了旋涡星云的首幅铅笔草图。

当我们认真观察这张由哈勃太空望远镜拍摄的照片时，会惊奇地发现，这个星系实际上仅由两条明显的螺旋臂构成。在这些蜿蜒的臂膀内部，隐藏着由冷尘埃和气体汇聚而成的黑暗云团。在引力的作用下，这些气体逐渐收缩并升温，最终绽放出特有的玫瑰红色光芒。在这些炙热的恒星诞生区域（照片中清晰可见的有数十个之多）无数新星正在悄然诞生。而那些最年轻、最炽烈的恒星，则以蓝色光点的形态，点缀在螺旋臂的外缘。

密度波理论

谈及螺旋结构的成因，便不得不提密度波理论。这一理论揭示了星系旋转的奥秘。确实，星系在不断地旋转，但螺旋结构并未与恒星保持同步旋转的速率。相反，恒星和气体云始终处于穿越螺旋臂的状态中。这一现象仿佛高速公路上的车流高峰一般，车辆在不断地穿越车流，从而形成了一种动态平衡。实际上，我们身处的银河系同样是一个螺旋结构的星系。太阳，则静静地镶嵌在其中一条螺旋臂的内部。

这个被编号为M51的旋涡星系，坐落于猎犬座之中，距离我们约2500万光年。倘若你抬头仰望星空，可以看到猎犬座隐藏在大熊座尾巴的下方。在照片的右上方，有一个较小的星系若隐若现；M51上方螺旋臂的尘埃带，在璀璨的背景下更显得深邃黑暗。这条黑暗臂的拉伸形态，很可能是受到了邻近较小星系引力的影响。

帕森斯的望远镜被誉为"帕森斯镇的巨兽"。它曾是世界上最大的望远镜，并保持了长达70多年的纪录。直到1917年，这一纪录才被打破，当时加利福尼亚的威尔逊山上建起了一台镜面直径长达2.5米的望远镜。

星云目录

谈到星云，我们不得不提及丹麦天文学家约翰·德赖尔（John Dreyer, 1852—1926）。他在22岁时便成了威廉·帕森斯之子的得力助手。德赖尔充分利用了帕森斯的大型望远镜，将成千上万个星云悉数记录在《新星云和星团目录》（*New General Catalogue of Nebulae and Clusters of Stars*, 1888）中。根据这个目录，图片中旋涡星系的编号为NGC 5194；而在背景中若隐若现的较小星系，则被赋予编号NGC 5195。

◀ 照片来源：NASA/ESA/S. Beckwith（STScI）/ 哈勃遗产团队（STScI/AURA）

彗星特写

这颗被戏称为"浴鸭子彗星"的天体，以其独特的形态隐藏着无尽的宇宙奥秘。当你凝视这张丘留莫夫-格拉西缅科（Tsjoerjoemov-Gerasimenko）彗星的照片时，会明白它为什么会有这个昵称。它由两大块外表粗糙的冰块与碎石组成，通过一条明显且光滑的"颈部"相连，仿佛一只悠闲地漂浮在宇宙中的浴鸭。其"身体"（位于照片右下方）直径大约 3.5 千米，而"头部"则略小。尽管在广袤无垠的宇宙中，它似乎微不足道，但这颗彗星却在天文界享有盛名。

1969 年，乌克兰天文学家克利姆·伊万诺维奇·丘留莫夫（Klim Ivanovitsj Tsjoerjoemov）和斯韦特兰娜·伊万诺夫娜·格拉西缅科（Svetlana Ivanovna Gerasimenko）首次捕捉到了这个微弱的光点，由此揭开了它的神秘面纱。这颗彗星以约 6 年半的周期绕太阳运行，默默地在宇宙中穿梭。然而，真正使 67P（其正式编号）声名鹊起的却是欧洲航天局（ESA）。后者将它确定为"罗塞塔"号（Rosetta）探测任务的目标。

彗星是太阳系形成时期的冰冻遗迹。当它们接近太阳时，部分冰层会蒸发，从而形成令人叹为观止的气体和尘埃尾迹。尽管如此，彗星的核心却异常微小，即便借助地球上最强大的望远镜也难以详尽观测。而探测器的出现，为我们揭开了它的神秘面纱。

造访彗星

结束了长达十余年的星际旅行后，"罗塞塔"号探测器最终在 2014 年夏天成功地进入这颗宇宙浴鸭的轨道。正是这次壮举，让我们首次获得了较为详尽的彗星影像。值得一提的是，2014 年 11 月 12 日，一个名为菲莱的小型着陆器成功降落在这颗彗星冰冷的表面，进行了前所未有的现场勘测。正因如此，67P/丘留莫夫-格拉西缅科成了人类目前了解最为详尽的彗星。

你是否注意到了浴鸭的"颈部"左侧那串微小的颗粒？那些实际上是巨大的岩石块，长度约 10 米。由于彗星核心微弱的引力，这些岩石块能够轻松地移动，从而滚落到彗星表面的低洼处。

在太阳系的其他角落，也发现了类似的"二重天体"。它们的形态各异，有的像雪人、哑铃，还有的像狗骨头。据科学家们推测，这些形状奇特的天体可能是由两个较小的天体轻微碰撞后，在相互引力的作用下"粘合"而成。而浴鸭的"颈部"，则主要由紧密压缩的岩石、冰块、砾石和碎片构成，在重力的作用下形成了一个相对平滑的整体。

彗星的尾巴

"彗星"一词源于拉丁文"coma"，意为"头发"。当彗星被炽热的气体和反光的尘埃所环绕时，从地球上望去，它们宛如模糊的"毛发"状星体，常常拖着一条长长的、优雅弯曲的尾巴。在荷兰，上一次能清晰观测到的彗星还是 2020 年夏天的尼欧怀兹（NEOWISE）彗星，它的出现无疑为天文爱好者们带来了一场视觉盛宴。

▶ 照片来源：ESA/Rosetta/OSIRIS 团队 /MPS/UPD/LAM/IAA/SSO/INTA/UPM/DASP/IDA/Justin Cowart

65

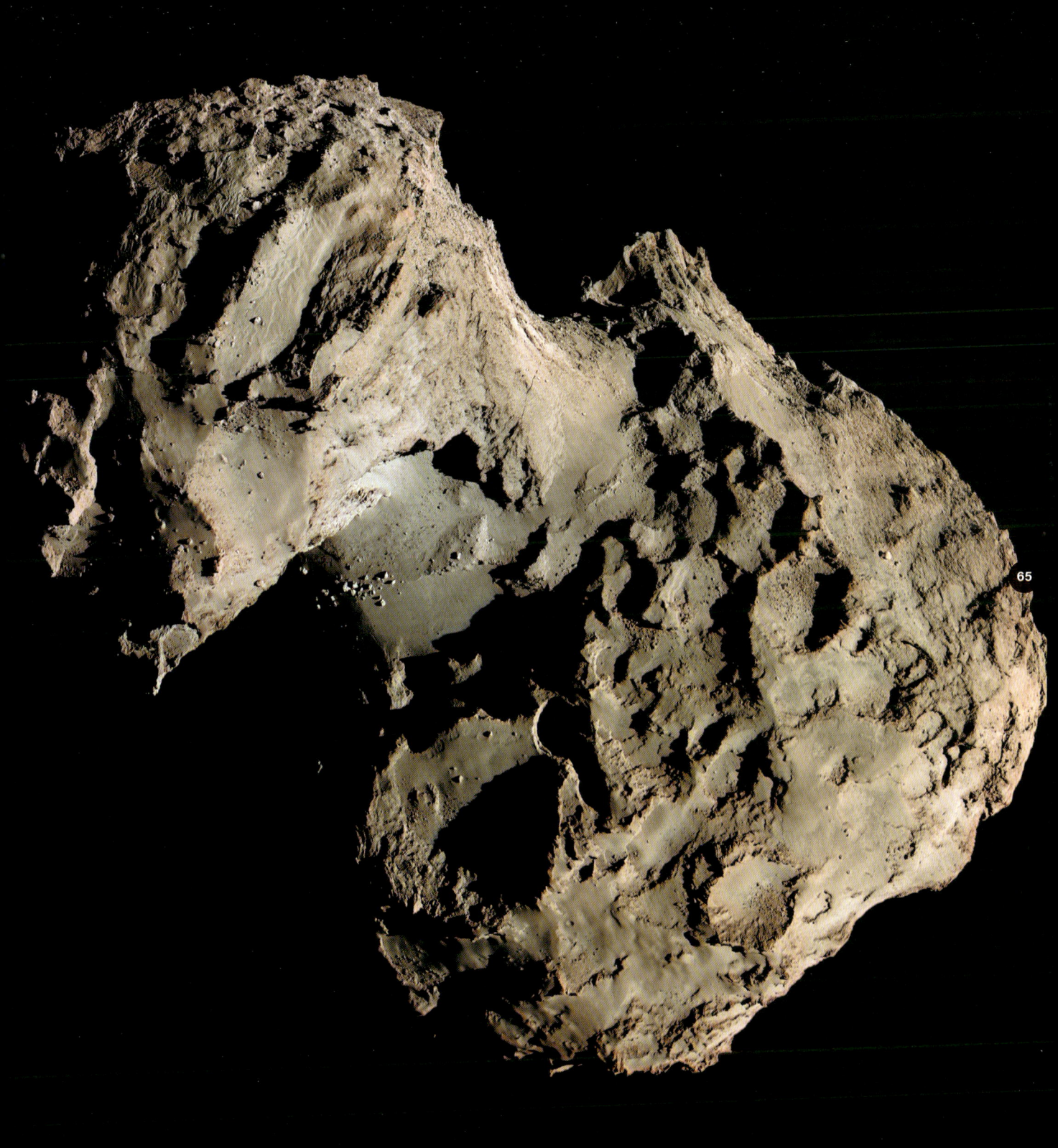

66

夜幕中的捕鱼活动

光的印记

在 2021 年 11 月 3 日的深夜，日本宇航员星出彰彦从国际空间站（ISS）捕捉到了这张独特的照片。初看之下，似乎难以解读这些散落的光点究竟是什么东西，然而，每一个光点背后都承载着地面上发生的故事。

得益于宇航员们携带的高科技相机，我们不仅能够获得图像的细节，还能通过时间戳和空间站的精确轨道数据，确定这张照片的拍摄地点——韩国西南部上空。在这片夜幕之下，不规则的光斑和繁星般的光点交织成一幅独特的画卷。右下角的直角光斑特别引人注目，而其左侧的那个椭圆形的光团更是引发了人们的好奇心。经过与卫星在同一夜晚和其他夜晚的照片对比，我们确认这是韩国南部济州岛沿岸的灯火。

那么，这些星星点点的光芒究竟是什么呢？答案是工业规模化的捕鱼活动。每当夜幕降临，这些地区的渔船便会亮起强光，吸引日本飞乌贼等鱼类浮出水面，从而方便渔民进行捕捞。卫星的夜间照片显示，这些光点每个夜晚都会亮起，虽然图案会有所变化，但这一传统捕鱼方式却始终如一。不仅仅是在东亚，这种夜间捕鱼活动在世界各地的卫星图像中都屡见不鲜。

过度捕捞

然而，美丽的光芒背后却隐藏着严重的环境问题。据联合国粮食及农业组织（FAO）的数据显示，全球每年有 3 亿人依赖海洋渔业为生，但过度捕捞已经成为一个不容忽视的问题。据世界自然基金会的数据显示，近 1/3 的鱼类种群正遭受过度捕捞的威胁，而另有 1/6 的鱼类种群也因过度捕捞被逼至极限。这种无节制的捕捞行为可能会严重破坏当地生态系统的平衡，进而威胁到其他物种的生存。

为了防止这一情况的恶化，联合国粮食及农业组织正积极制定并执行国际渔业资源管理的相关规则。但在实际操作中，我们不难发现，国家经济利益与可持续发展目标之间往往存在着微妙的冲突。

> **卫星监测非法捕捞**
>
> 渔船如同飞机一样，都配备了国际通用的自动识别系统（AIS）。但令人担忧的是，2022 年的一项美国研究发现，使用该系统的渔船的捕捞量增加了 6%。幸运的是，随着技术的进步，卫星监测正成为我们揭露和打击非法捕捞行为的有力武器。

◀ 照片来源：NASA/JAXA/ 星出彰彦（ISS066-E-70975）

西欧的干旱

2022 年 8 月 13 日，美国 NOAA-20 气象卫星从高空捕捉到了西欧部分地区的珍贵影像，显示大片土地正面临严重的干旱困境。那个夏天成为我们所在的地区有史以来最缺水的季节之一。在照片中，深色的森林与绿色的草地和茂密植被形成了鲜明对比，而那些因干旱或收割而裸露的田地，则呈现出浅棕至黄色的斑驳色彩。特别是法国北部，尽管夏末往往是干旱的高发季节，但这种干旱程度显得更加突出。与此同时，英格兰东部的干旱程度也较往年更为严重。

回首 2022 年，那是欧洲五年内继 2018 年和 2020 年之后，第 3 次经历极度干旱的春夏季节。随着季节的推进和气温的攀升，蒸发量也持续增高。降水量缺口——即降雨量与蒸发量之差，成为衡量干旱程度的关键指标。在夏季，蒸发量总会超越降雨量。若春季同样出现干旱情况，生长季伊始便会出现降水量缺口。在 2022 年的 3 月至 10 月，出现了 5 个月极度缺水的情况，降水量缺口创下了 318 毫米的纪录，几乎是正常情况下的 2 倍，这主要归因于持续的无降水天气。另一项衡量阳光照射量的重要指标——辐射量，也达到了前所未有的程度，极大地推动了蒸发量的增加。不仅在西欧部分地区，整个欧洲的辐射量都在上升，这可能与空气质量的改善和干燥度增加导致的云量减少有关。此外，值得注意的是，云层的平均厚度也在变薄，但其原因还不得而知。

沙地干旱

在荷兰南部和东部的沙质土地上，近几年的夏季干旱尤为严重，2003 年更是达到了顶峰。这些区域主要依赖自然降水，而在沿海的广阔地带，河流对于维持地下水位起着至关重要的作用。这些地区由于降水量更为充沛，因此云量较多，从而降低了辐射量和蒸发量。不过，这一现象产生的原因是否和气候变化有直接关联还需要进一步研究。

> **应对干旱的计划**
>
> 面对持续的干旱挑战，荷兰民众对于水资源的态度正在发生转变。自 2015 年起，荷兰政府便制定了《淡水三角洲计划》（*Deltaplan Zoetwater*），旨在提升艾瑟尔湖的水位，改善干旱沙地的地下水管理，并试验种植耐盐作物，以应对日益严峻的水资源问题。

▶ 照片来源：NASA/Worldview/NOAA-20

69

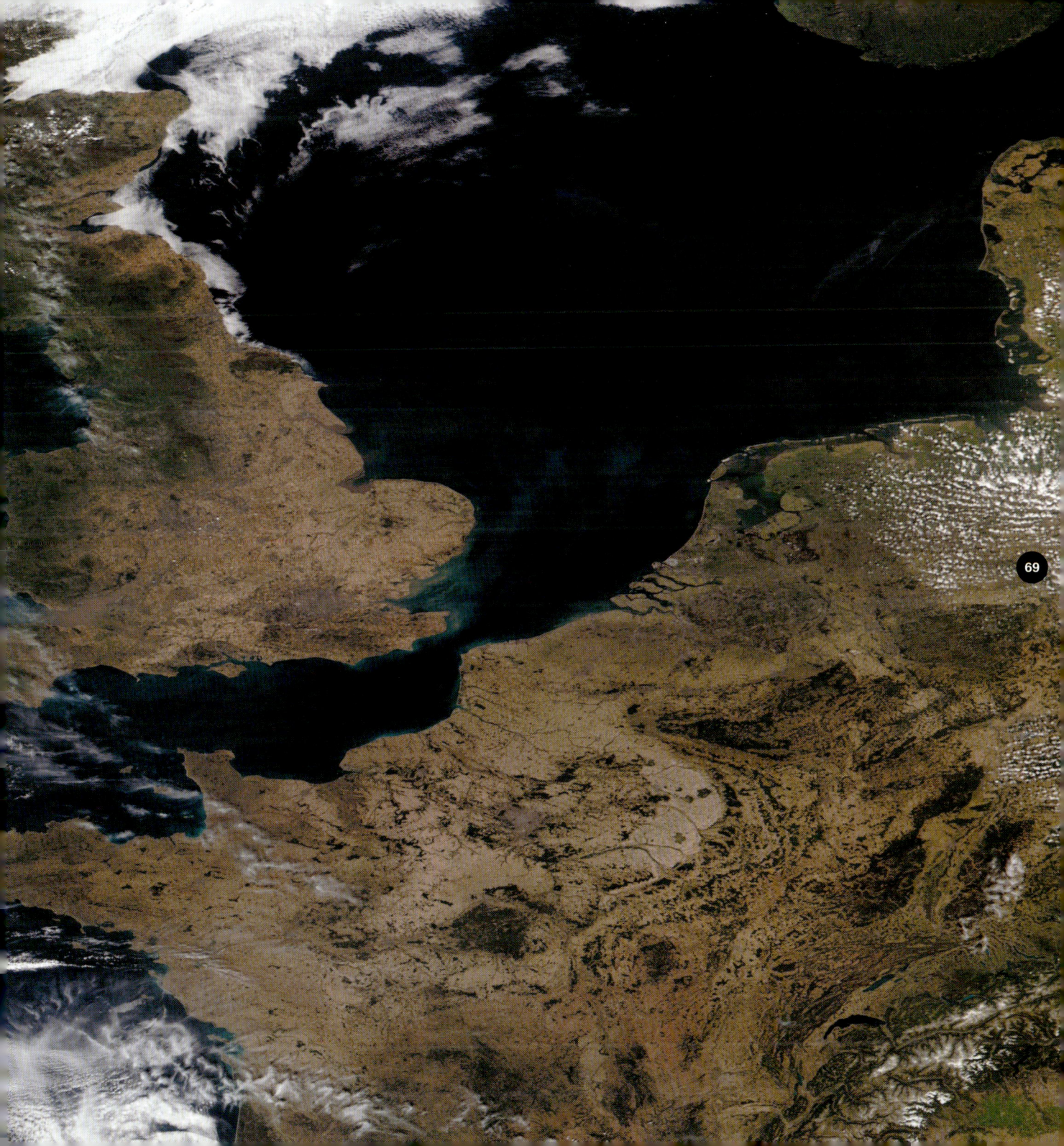

70

行星的摇篮

在这张由韦布太空望远镜捕获的 NGC 346 号照片中，我们看到了新星诞生地的壮丽景象：冷气体与尘埃形成的曲折条纹和精致的细丝。这片浩渺的"宇宙育婴室"位于距地球 20 万光年距离的小麦哲伦云内，属于一个巨大的恒星形成区域。相较于哈勃太空望远镜所捕捉的炽热气体与年轻恒星的璀璨画面，这张韦布太空望远镜拍摄的照片展现了冷却天体结构的清晰轮廓，透露出一种深邃与神秘。

小麦哲伦云，作为我们银河系的近邻，始终在不断地诞生新的恒星。尽管这些新星中的重元素（比氢和氦更重的原子）含量远低于银河系内的恒星，但这些宝贵的元素却是在恒星内部生成的。它们通过恒星风和超新星爆发的方式，重新播撒到宇宙中，成为构建新星周围原行星盘的重要物质。可以说，这些重元素就像是铸造诸如地球这类行星的"建造基石"。

繁星点点的新天地

鉴于小麦哲伦云内恒星中重元素的稀缺性，天文学家们一度认为其内部的原行星盘会比银河系内更为罕见。然而，韦布太空望远镜那令人惊叹的观测能力彻底改变了这一预测。在星团 NGC 346 中，我们观察到数百颗原恒星（在星图中宛如微弱的光点）所释放的红外辐射远超预期，这强烈地表明它们被气体和尘埃盘环绕。因此，我们可以确信，在这片广袤的宇宙中，同样有大量的新行星系统正在静悄悄地诞生。这一震惊的发现，得益于韦布太空望远镜无与伦比的灵敏度和成像清晰度。假如小麦哲伦云中真的有如此庞大数量的新行星在孕育，那么在宇宙更为年轻的时候，大约 100 亿年前重元素相对稀缺的时期，类似的场景也很有可能上演过。这意味着，像地球这样的行星，甚至可能承载着生命的星球，也许在宇宙历史的更早时期就已经出现，这远远超出了我们之前的预想。

尽管韦布太空望远镜为我们拍摄了许多令人震撼的图像，但科学的理论并非仅从图像中直接得出。事实上，大多数的科学结论都源于其他精密仪器进行的光谱测量，这些测量结果详细分析了恒星和气体云所发出的辐射。

天际的朦胧面纱

自古以来，南半球的原住民就知道大、小麦哲伦云的存在，因为它们在夜晚的天空中肉眼可见。然而，对于欧洲而言，葡萄牙探险家费尔南多·麦哲伦（Fernando de Magelhaen）是第一个正式记录并描述它们的欧洲人，因此人们以他的名字命名它们，作为永久纪念。

◀ 照片来源：NASA/ESA/CSA/STScI/A. Pagan

海冰与极地冰盖的演变

2022 年 5 月 24 日，美国宇航员鲍勃·海因斯（Bob Hines）在距离加拿大东部中拉布拉多海岸约 150 千米的海域上空，拍摄到了这张引人注目的海上漂浮冰漩涡的照片。这些由细长或圆形冰块与开放水域交织而成的漩涡，宛如大自然的指纹，展现了海冰与海洋动力的美妙互动。根据美国国家雪冰数据中心的研究，冰块的颜色深浅揭示了其厚度——越白的冰块意味着那一部分越厚实。在照片的上方中央，云层以白色条纹的姿态轻盈地飘浮在空中。这里的海冰通常在 11 月底悄然形成，直至次年 5 月底开始逐渐融化，在风和洋流的共同作用下，从海岸被推送至广阔的海域。漩涡的存在，则像是一幅动态的画卷，生动地描绘了水面下洋流的走向。

这些海冰可以被视作北极冰盖最南端的延伸。自 1979 年起，卫星便开始了对北极冰盖面积的持续监测。每年的 3 月至 4 月，随着进入深冬，冰盖会扩张至面积的极限。将时针拨回到 1979 年，那时的冰盖面积仍高达 1640 万平方千米。然而，随着时间的推移，这一壮观的冰盖面积却在逐年缩减。尽管不同年份之间存在一定波动，但整体趋势不容乐观：冰盖面积正处在下降趋势中。2017 年，冰盖的最大面积降至历史最低点的 1440 万平方千米，而到了 2022 年，这一数字虽然有所回升，但也仅仅达到 1490 万平方千米。

当时间推进到 8 月至 9 月，情况变得更为严峻。这是冰盖面积最小的时期，其脆弱性愈发凸显。1979 年时，冰盖的最小面积尚有 710 万平方千米；但在近年来，这一数字已经急剧下降至 500 万到 400 万平方千米之间。尽管每年的数据都会有所波动，但无论是冬季还是夏季，冰盖面积的减少趋势都非常明显。

更薄、更年轻

除了面积之外，极地研究者们还密切关注着冰的厚度和年龄这两个关键指标。根据两颗加拿大卫星的精密测量，仅在 2019 年至 2021 年的短短三年内，冰盖的厚度就惊人地减少了约 28 厘米（而且冰盖本身的厚度通常仅为几米）。这一变化主要是由于冰盖底部的老冰层在不断融化。1985 年时，约 65% 的冰层"年龄"有 1 至 4 年，而季节性冰层仅占冰盖厚度的 35%。然而到了 2020 年，情况发生了翻天覆地的变化：4 年以上的老冰层几乎消失殆尽，而季节性冰层则占据了冰盖厚度的 70%。

海冰与阿基米德定律

面对全球变暖的严峻挑战，一项 2020 年的研究向人类发出了警示：如果全球变暖的速度得不到有效控制，到 2050 年夏天，北极海域的冰层面积可能将锐减至不到 100 万平方千米，几乎相当于一个无冰的状态。然而，值得注意的是，这一变化并不会导致海平面上升。原因在于海冰是漂浮在海面上的，与南极冰盖大部分位于陆地上的情况不同。因此，它遵循着阿基米德定律——漂浮的海冰所排开的水量恰好等于其自身重量的冰量。当这些冰融化时，它们所排开的水量会被融化的水完全取代，从而保持海平面的稳定不变。

▶ 照片来源：NASA/ 鲍勃·海因斯（ISS067-E-74315）

73

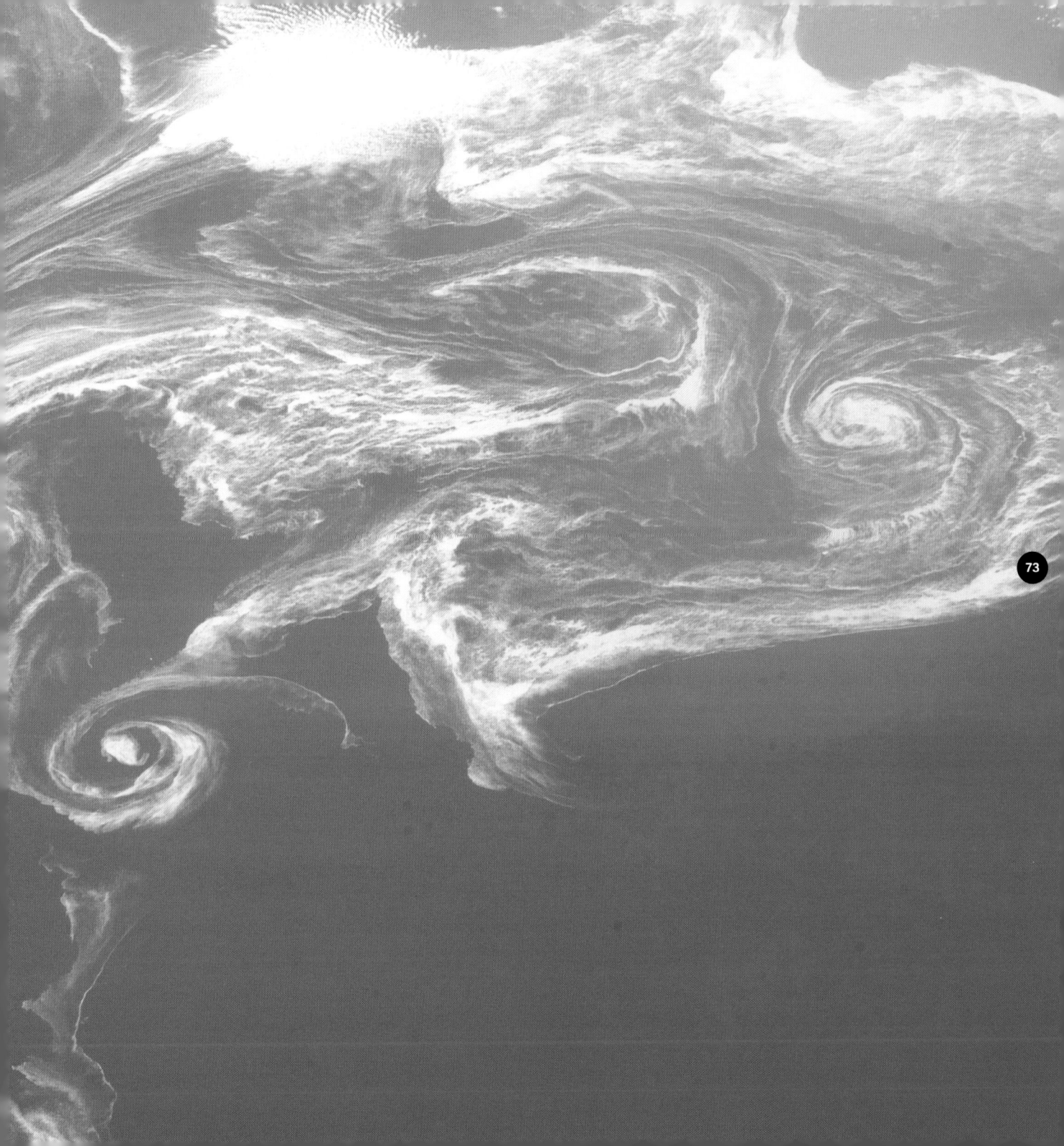

74

告别黑暗

多年来，国际空间站的宇航员们一直用专业相机捕捉着地球在夜晚的美妙景象。德国宇航员马蒂亚斯·毛雷尔在 2022 年 1 月 13 日为我们带来了这张令人震撼的西欧夜景照片。照片左侧部分是英国、伦敦、利物浦和曼彻斯特的灯火熠熠生辉，如同夜空中明亮的繁星。照片下方则是法国北部的巴黎，这座不夜城也闪耀着迷人的光芒。照片上方是比利时的夜景图片，橙色的高速公路网在黑夜中勾勒出了一幅绚丽的图案，再往上是荷兰，不巧的是有一部分被云层覆盖，鹿特丹、欧罗波特港、韦斯特兰和海牙等城市在云层间若隐若现，散发出迷人的光彩。云层在皎洁的月光照耀下，呈现出梦幻般的浅蓝色调。在照片下侧中间靠左的位置能看到英吉利海峡，它仿佛一面镜子，将月光反射得更加柔和。

如果仔细观察，我们会发现地球上夜间的灯光色彩斑斓，各具特色。橙色的灯光通常来自钠灯，而蓝白色的灯光则可能来自荧光灯。如今越来越多的 LED 灯也加入了这场光的盛宴。比利时和荷兰的灯光色彩差异，主要源于两地公共照明灯具的不同。比利时倾向于使用低压钠灯，散发出深橙色的温暖光芒；而荷兰则更偏爱高压钠灯，散发出金色的光辉。

灯光的副作用

相较于卫星图像，宇航员拍摄的照片更能精准地捕捉到微弱的光源与丰富的红光细节。2022 年，西班牙与英国的科学家们联手发布了一项重要研究，该研究将欧洲宇航员于 2012—2013 年（LED 灯普及前）与 2014—2020 年所拍摄的欧洲夜间灯光照片进行了比较。

研究结果显示，城市地区的光污染问题日益严重，对植物、动物乃至人类均产生了深远影响。具体来说，蓝白色的灯光会抑制褪黑激素的分泌，从而打乱人类与动物的自然睡眠规律。此外，飞蛾等夜间活动的昆虫会受到白光的干扰，蝙蝠在觅食时会面临更多困难，而那些依赖星辰进行导航的动物也可能在强烈白光的照耀下迷失方向。令人遗憾的是，随着光污染的加剧，我们逐渐失去了对星空的感知，从人口稠密的居住区已难以再目睹到那片璀璨星空与银河的绚丽。

然而，研究人员在困境中也看到了一丝曙光。随着节能意识的日益增强，人们越来越认识到节约能源的重要性。在马德里、巴黎和柏林等多个城市，为了响应节能号召，夜间用于照亮纪念碑和公共建筑的灯光正逐步被关闭。这一积极变化有望在未来的照片中得到直观展现。

艰巨的任务

当然，地球的夜晚照片可能会受多种因素的影响而呈现出巨大的差异，包括曝光时间、图像芯片的颜色敏感性以及白平衡等。如果要将这些照片用于科学研究，就必须对所有这些差异进行精确地校正。同样地，当我们比较不同望远镜和卫星所拍摄的图像时，也需要进行类似的调整。这无疑是一项艰巨而复杂的任务，但为了更深入地了解我们的地球，这一切努力都是值得的。

◀ 照片来源：NASA/ESA/ 马蒂亚斯·毛雷尔（ISS066-E-116910）

环与卫星

薄如一张纸

土星的光环系统看起来非常薄，令人惊叹不已。它的外环直径大约可以延展到27万千米，相当于地球到月球之间70%左右的距离，然而其厚度却仅有约20米。按照比例来说，相当于这个光环系统的厚度仅仅是一张打印纸张的4倍！在这个与土星赤道同处的水平面上，有数不尽的岩块和冰块在按照一定的规律精确地旋转着。这张由美国"卡西尼"号探测器捕捉到的照片，是在探测器安全飞越环平面之前所拍摄的。由于强烈的透视效果，土星环在照片中被压缩成了一条狭窄的带子从而穿越到画面中央。但环的实际宽度远超照片所示，这一点可以从照片下方环在土星黄色云层上投射的阴影中能够清晰地辨别出来。

同样引人注目的是，土星的内卫星几乎在与环相同的平面内有序地运行。在前景中，我们可以看到瑞亚卫星（Rhea），也就是土卫五，其直径超过1500千米，是土星的第二大卫星。土卫五主要由冰构成，与我们的月球类似，其表面布满了由撞击形成的大小陨石坑。在环系统外缘附近旋转的较小卫星是埃庇米修斯，也就是土卫十一，它是一个体积较小、直径约为120千米的不规则形状天体，于1966年被人们发现。

蛹卫星

截至目前，土星周围已经发现了超过80颗卫星（木星的卫星超过90颗）。这些卫星中，大多数比土卫十一还要小，它们沿着非常宽广、细长、倾斜的轨道运行。土星最大的卫星是泰坦（Titan），也就是土卫六，这颗卫星在1655年由克里斯蒂安·惠更斯发现，它是太阳系中唯一拥有大气层的卫星。泰坦的直径达到了5150千米，甚至比水星还要大。

天文学家们推测，大约1.5亿年前，土星还曾拥有一颗名为"蛹"的大卫星。这颗卫星的大小约与土卫五相当，但由于受到泰坦引力的干扰，它偏离了原有的轨道。当"蛹"靠近土星时，它被强大的潮汐力撕裂，大部分的碎片坠入了土星的大气层中，而小部分碎片则留在了土星周围。因此，有观点认为土星壮观的环系统可能正是这次宇宙灾难所留下的遗迹。

带环的行星

值得一提的是，土星并非唯一拥有光环系统的行星。木星、天王星和海王星同样被由冰、尘粒和灰尘组成的狭窄暗环所环绕。然而，与土星那令人震撼的环系统相比，它们的环显得并不那么显眼，即使在探测器近距离拍摄的照片中也难以辨识。

▶ 照片来源：NASA/JPL-Caltech/ 太空科学研究所（Space Science Institute）/ 卡西尼成像小组（Cassini Imaging Team）/ 杰森·梅杰（Jason Major）

77

78

回望过去

试试这样操作：手持一根老式大头针，用拇指和食指轻轻夹住。在晴朗的夜空下，伸直你的手臂，闭上一只眼。你会惊奇地发现，那微小的针尖背后，隐藏着数以万计的遥远星系，它们距离我们数10亿光年之遥。只需稍微移动一下大头针，便又会遮蔽住其他数以万计的星系。

哈勃太空望远镜曾详细捕捉了这样一个微小的宇宙区域，它位于不起眼的天炉座（Fornax）之中。最终生成的哈勃超深场照片为我们展示了宇宙深处令人动容的一次偶遇。这张照片的总曝光时间超过11天，由2003年9月至2004年1月拍摄的800张照片精心合拼而成。

在照片中，一些巨大的星系（如右下角明亮的螺旋星系）距离地球已达数亿光年。然而，得益于哈勃望远镜较高的灵敏度，照片还向我们展现了距离地球10亿到15亿光年的天体。这些极其遥远的星系，无论从哪个方向望去，都会显得异常微小且黯淡。

回到过去

这类"深空"照片的魅力在于，它不仅揭示了遥远的神秘宇宙景象，更带我们进行了一次穿越漫长时空的星际旅行。照片中的许多遥远星系，由于它们与地球之间难以想象的距离，其光线抵达地球时已历经了130亿年的旅程。因此，哈勃望远镜所捕获的，实际上是那些星系130多亿年前发出的光线，那个时期的宇宙正处于膨胀之中，年龄还不到10亿岁。

在这张照片中，你所看到的最遥远天体并非它们现如今的模样，而是它们在宇宙初期的容颜。在那个遥远的时期，星系尚未形成最终的对称形态，且彼此间的距离更为接近，因此存在着各式各样的引力扰动。所以照片中有许多微小而黯淡的光点，它们的形状显得非常不规则。

在历经磨难抵达地球的旅途中，遥远星系的光线因宇宙的膨胀而被"拉长"。因此，这些遥远星系的可见光在抵达地球时已转变为红外辐射。这也是为何全新的韦布太空望远镜配备了灵敏的红外相机。借助这些相机，天文学家们能够更深入地探索太空，从而进一步探寻宇宙在过往岁月中的变迁过程。

古老的光

光以每秒30万千米的速度在宇宙中穿梭。在浩瀚的宇宙中，我们目之所及的地方永远是过去时的景象。一束光线从月球抵达地球，大约需要一秒钟的时间。因此，我们观察到的月球总是一秒钟前的状态。对于太阳而言，这个时间的"回溯期"则是8分多钟；而我们最近的恒星邻居——比邻星的"回溯期"则是4.3年。

◀ 照片来源：NASA/ESA/S. Beckwith（STScI）/HUDF Team

全球冲击波

火山爆发

2022年1月15日的下午，位于南太平洋西南部的汤加群岛附近，海底火山洪加汤加—洪加哈阿派（Hunga Tonga-Hunga Ha'apai）突然苏醒，伴随着震耳欲聋的巨响，巨大的气体和蒸汽云被喷发到空中。这震撼的声音，甚至远在美国的阿拉斯加都能捕捉到。美国的GOES-17气象卫星精准地记录下了这一壮观的喷发过程，而美国国家航空航天局地球观测站的乔舒亚·史蒂文斯则利用这些珍贵的记录，精心制作了时间间隔为70分钟的照片拼接图像。与此同时，日本的"向日葵"8号卫星也从不同的角度捕捉到了这一事件。

为了更深入地了解这次喷发过程，美国国家航空航天局兰利研究中心的康斯坦丁·克洛彭科夫（Konstantin Khlopenkov）巧妙地将两颗卫星的图像进行融合，构建出了一个立体图像。令人震惊的是，这次火山云的高度竟然达到了58千米，创下了有记录以来的最高火山羽流纪录。更为惊人的是，约500亿升的海水被喷射到了大气层中。尽管在喷发后的第2天，卫星图像上已难觅喷发的痕迹，但国际空间站的宇航员们在随后的几天和几周内，都观察到了火山灰云缓慢向西移动的壮观景象。

穿越荷兰的冲击波

这次火山喷发不仅在地面上造成了巨大的影响，更在大气层中引发了一个环形冲击波，如同石块投入水中产生的涟漪般向四周扩散。冲击波沿着地球表面不断扩散，于1月16日晚上8点左右被荷兰的气象部门清晰地记录下来。尽管对于人类而言，冲击波带来的风动几乎微不可察，但由于地球的球形特性，扩散的冲击波最终在地球的另一侧，即阿尔及利亚再次相遇。位于该地区的气象站也确实从两个相反的方向同时观测到了冲击波穿越的过程。

> **火山喷发的种类**
>
> 火山喷发是地球的一种常见自然现象。地球上每天有40～50座火山会产生喷发活动。这些活动大多发生在地壳板块相互碰撞或分离的地方。喷发的形式会因岩浆的性质而异：稀薄的岩浆会平静地流向地表，而厚重黏稠的岩浆则可能堵塞火山口，直到地下的压力积累到足够大时，便会伴随着气体、灰烬和大块岩石猛烈喷发，从而引发剧烈的爆炸。汤加群岛的这次火山爆发，无疑属于后者。

▶ 照片来源：上侧图片 Joshua Stevens, NASA Earth Observatory/NOAA/Nesida
下侧图片 NASA/Kayla Barron（ISS066-E-117992）

81

82

云的幻化

云，这一自然界最为变幻莫测的现象，总能在特定的地域展现出其特有的风貌。在某些大洋的低温区域，如北美与南美西部、南非西部以及印度洋南部，我们常常可以看到一种很薄又非常稳定的云层，原因在于这些区域的高气压异常稳定，从而形成了具有这种特性的云层。

这种云在拉丁文中被称为"层云"，而其中最为人们所熟知的种类便是"层积云"。它们通常悬浮在大约2000米的高空，覆盖了热带和亚热带约20%的海洋面积，相当于地球总表面积的6.5%。层积云能够反射大量的阳光，对地球起到一定的降温作用。试想，若这些云层消失，地球的温度将会显著升高，这也正是气候专家对这种云层特点如此感兴趣的原因所在。

云单元

层积云的一个独特之处在于它们由紧密相连的单元所构成。在每个单元的中心，空气上升后冷却凝结成水滴，从而形成了我们看到的云层。但当这些上升的空气攀升到约2000米的高度时，会遇到一层温暖的空气阻挡，使得空气开始侧向流动并逐渐下沉，与邻近单元的空气相遇。随着空气的下沉，它会逐渐变暖，导致云层消散，从而在单元的边缘形成一个明亮的轮廓，这被称为闭合单元，它的下方常常会伴随着小雨出现。然而，当冷空气入侵时，这一过程可能会被逆转，形成所谓的开放单元。在开放单元中，边缘部分有上升的空气和云层，而中间则是下沉的空气，使得这片区域的天空显得特别晴朗。值得注意的是，开放单元的边缘可能也会有小雨现象。

令人惊奇的是，层积云有时会形成一些引人注目的图案。例如2021年8月16日，苏米NPP（Suomi NPP）地球观测卫星在秘鲁西部的太平洋上空拍摄到了这样一幅壮观的画面。原始的层积云层中出现了各种形状的空洞，其中最引人注目的是那些类似叶脉和车轮辐条的图案。这些特殊的云层形态在卫星图像中被发现，被称为辐射状云，这个名字源于希腊语中的"辐射"。至今，科学家们仍在努力探索这些奇特云层图案的成因。

> **云的命名**
>
> 关于云的命名，我们不得不提到1803年的一个重要事件。那一年，英国的药剂师兼业余气象学家卢克·霍华德（Luke Howard）提出了一个系统地命名云的方法。他受到了1735年瑞典科学家卡尔·林奈（Carl Linnaeus）的植物和动物分类系统的启发。当时，拉丁语是科学界的通用语言，霍华德也沿用了这一传统，使用拉丁语来描述各种不同类型的云。

◀ 照片来源：NASA/WorldView/ 苏米NPP

绚丽的极光

极光，这一地球上最迷人的自然现象之一，通常在距离地面 100～300 千米的高空中绽放其绚烂的光彩。它主要集中在地球磁极周围的环带区域，而这些磁极的地理位置与我们的地理极点并不重合。北极的极光带横跨北冰洋，位于加拿大与西伯利亚之间；而南极的极光带则位于南极洲冰盖以南，延伸至澳大利亚南部外海。这些极光环的中心距离磁极大约 2300 千米，造成了它们相对于地理南北极的轻微不对称。正因如此，加拿大西部、西伯利亚北部以及斯堪的纳维亚北部成为观测极光的理想之地。在南半球，塔斯马尼亚岛和新西兰南岛则是最佳的观测点。

国际空间站（ISS）在距离地面超过 400 千米的轨道上翱翔，其视野可覆盖至 2000 千米外。当空间站飞越高纬度地区时，倘若恰逢极光盛宴，宇航员们便有幸从空中俯瞰这一自然奇观。有时，宇航员们拍摄的视频仿佛让人身临其境，穿梭于绚烂的极光之中。法国宇航员托马斯·佩斯凯在 2021 年 11 月 4 日拍摄到了这样一幅令人震撼的画面。照片中的绿色极光是太阳粒子与大气中的氧分子相互作用的结果，而在更高的位置，太阳粒子与氧原子的碰撞则会激发出红色的极光。图片中色彩斑斓的景象出现在 2023 年 2 月底的极光季中，当时甚至在荷兰也能看到这次极光的景象。

太阳粒子

极光的形成源于太阳释放的带电粒子与地球大气层中的分子和原子之间的激烈碰撞。地球的磁场如同一个巨大的盾牌，偏转了这些来自深空的带电粒子。在白天，太阳的粒子使地球的磁场受到压缩，而在夜幕降临时，磁场则得以伸展。特别是在磁极上空，太阳粒子能够穿透并进入磁场，被其牢牢捕获。其中一部分粒子在地球夜晚的时候会加快速度，并朝着两极疾驰而去，正是这些粒子编织出了我们眼中绚烂的极光。

极光研究的历史

对极光的研究直到 19 世纪末才真正起步。这项研究的推进得益于两项重要的技术发明：摄影与电话。借助电话的通信功能，分布在不同地点的研究者们能够实时协作，同时拍摄照片以构建出立体影像。通过这种三角测量的方法，科学家们得以精确地测量极光的高度。

▶ 照片来源：NASA/ESA/ 托马斯·佩斯凯（ISS066-E-58300）

85

86

看到黑洞

这张略显模糊的照片是 20 个国家、60 个研究机构、300 名科学家历经两年辛勤付出的结果。尽管初看似乎不起眼，但这实则是科学界的一大壮举，因为我们人类首次捕捉到了距离地球 5300 万光年外的黑洞影像。

黑洞，这些宇宙中的神秘巨兽，凭借其庞大的质量无情地吞噬着气体、尘埃，甚至是整个恒星。一旦落入其魔掌，任何物质都将永无逃脱之日，即便是光也无法挣脱其强大的引力束缚。

在 M87 星系的核心，潜藏着一个质量高达太阳 65 亿倍的巨型黑洞。即使距离它达到 400 亿千米，你也会陷入它的引力掌控中从而无法逃脱。这便是所谓的"事件视界"（event horizon），即黑洞的边缘，一旦跨越，便再无回头之路。

阴影

这张珍贵"照片"中央的黑点并非黑洞本体，而是它在我们的视线方向上投下的阴影。环绕在其周围的热气体所散发的光芒，在强大引力的作用下发生弯曲，形成了一道璀璨的光环。而那片阴影，正是光线被黑洞彻底吞噬的见证。

为了捕捉这一阴影，天文学家们联手将分散在世界各地的 13 个射电天文台连接起来，构建了一个与地球等大的虚拟射电望远镜——事件视界望远镜。其灵敏度足以在微波波长上捕捉到这一引力巨兽的踪迹。2019 年 4 月 10 日，这张带有神秘光环的图像震撼发布，瞬间占据了全球各大报纸的头版头条。

时隔 3 年，位于我们银河系核心地带的一个较小黑洞也露出了真容。尽管它离我们更近，但因其体积较小，所以呈现在照片中的效果与此前的照片差别不大。如今，天文学家们怀揣着更大的梦想，希望在太空或月球背面建造更为强大的射电望远镜，以揭示黑洞更为清晰的面貌。

新的宇宙？

黑洞的内部世界至今仍是未解之谜，我们现有的物理理论在这方面仍显得无能为力。然而，黑洞内部的极端条件与宇宙大爆炸时的环境颇为相似。这不禁让一些科学家猜想，或许在黑洞诞生的同时，另一个维度的全新宇宙也正在悄然诞生。

◀ 照片来源：事件视界望远镜合作组织（EHT Collaboration）

蜿蜒的河流

你是否曾见过一条完全笔直的河流？即便在荷兰，河流历经数个世纪的治理与保护，真正的直线河段仍然罕见。那些深受摩托车骑手喜爱的曲折堤坝，恰恰映射出河流曾经的原始走向。事实上，放眼全球，无论是广袤的平原还是崎岖的山谷，大河小河都呈现出一种共同的特质——它们的流向都是弯曲的，这种自然形态被专业地称为"蜿蜒流动"。这个词源自希腊语，最初是用来描绘现今位于土耳其境内的一条以曲折著称的河流——麦安德罗斯河（Maiandros）。

在这张由德国宇航员马提亚斯·毛雷尔在 2021 年 12 月 1 日拍摄到的珍贵照片中，我们得以看到美国中部密西西比河约 400 千米的壮丽景象。照片向南拍摄，逆光下的河面熠熠生辉，其蜿蜒曲折的形态一览无余。

河流的生命始于山脉和丘陵之间，形成之初它们激流勇进，往往沿直线疾驰而下。然而，当地形逐渐平坦，河流的脚步也会放缓，水位随之抬升。一旦遭遇偶然的阻碍或是河岸的脆弱之处，河流便会向一侧偏移。在弯道的外侧，水流速度更快，因此河岸更易受到侵蚀；而在内侧，流速减缓，沙子和淤泥得以沉积，使得河岸逐渐变厚。每当河流完成一个半圆形的弯道走势后，这一过程便会在相反的方向重演，从而塑造出河流独特的弯曲形态。随着河流长度的增加，水流速度会变慢，走完相同的距离需要更多的时间。

马蹄形湖的诞生

在河流演变的初期，当一条河流开辟新河道时，都可能出现两条并行的水道。随着时间的流逝，其中一条水道可能因主河流携带的泥沙而逐渐堵塞。最终，这些被遗弃的河道部分会形成独立的河流残留。通常情况下，这些残留部分会逐渐淤塞消失。但有时河流会形成巨大的弯曲，甚至切断自身的旧河道，留下一个独特的马蹄形水道。这个水道最终会与主河流完全隔离，形成所谓的"马蹄形湖"。在照片中间靠上的位置，我们可以清晰地看到几个这样的马蹄形湖泊。

> **堤坝决口的历史记忆**
>
> 在过去，我们的河流常常冲破堤坝，造成巨大的破坏。这些决口处的水流能够冲刷出深达 25 米的坑洞。如今，一些地名如 Kolk、Wiel、Waal、Hank 或 Braak 仍然在提醒着我们这些历史事件的存在。

▶ 照片来源：NASA/ESA/ 马提亚斯·毛雷尔（ISS066-E-108243）

89

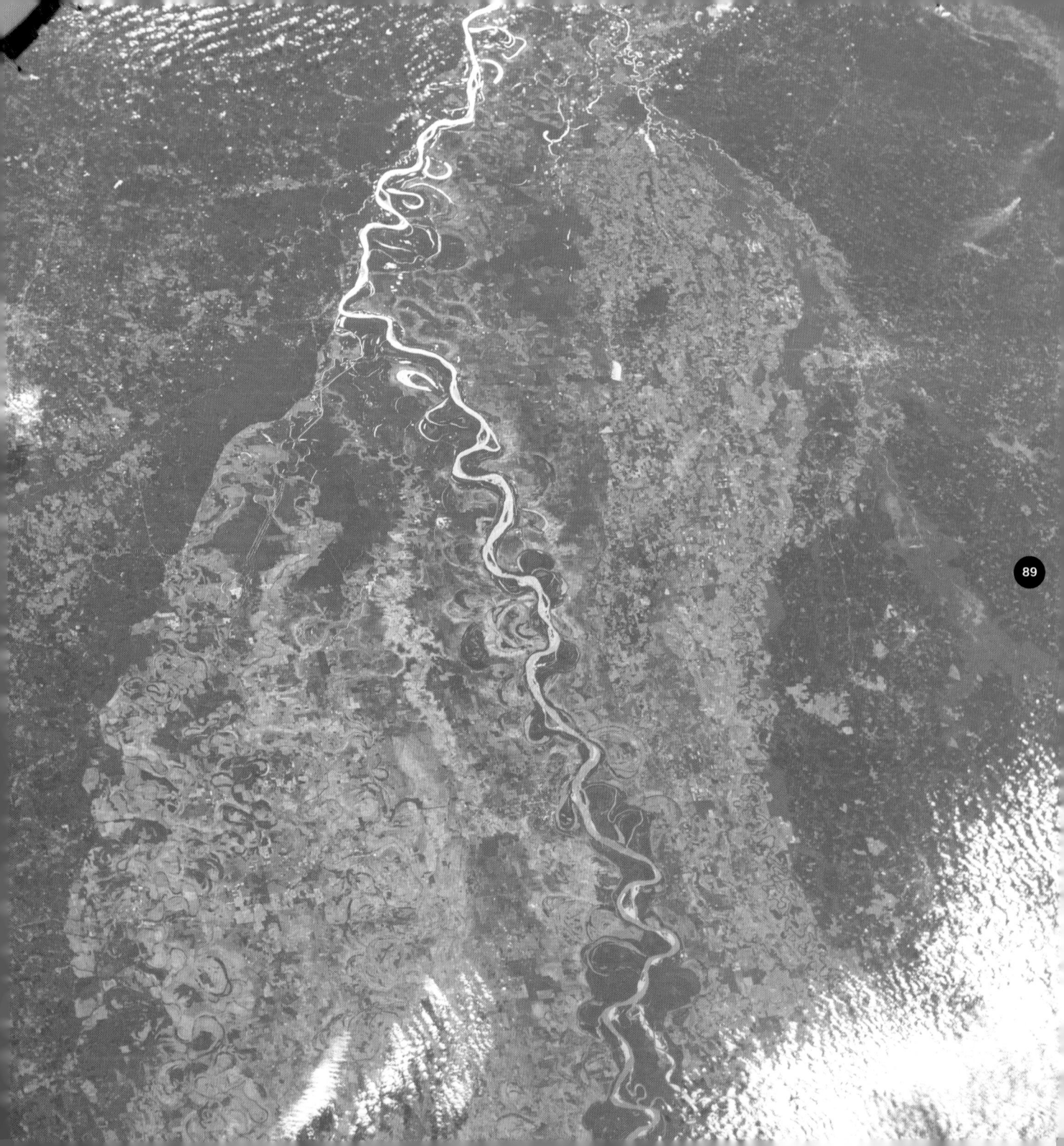

90

繁星闪烁的宇宙奇观

在探索宇宙的道路上，观察的细致程度与所见的丰富性成正比。这一特性，在距离我们 161 000 光年之遥的大麦哲伦星云中的蜘蛛星云（Tarantula Nebula）里得到了淋漓尽致的体现。早在 18 世纪中叶，法国天文学家尼古拉-路易·德·拉卡伊（Nicolas-Louis de Lacaille）在造访南非时，便首次揭开了这片星云的神秘面纱。

随着科技的进步，更大口径的望远镜让我们得以窥见星云深处的秘密。在蜘蛛星云的心脏地带，隐藏着一个壮观的星团（在照片中略微偏右的位置）。其中，一颗名为 R136 的恒星格外引人注目。然而，直到 20 世纪末，天文学家们才揭示出 R136 并非单一恒星，而是由三颗恒星——R136a、R136b 和 R136c 构成的复合体。更令人惊讶的是，这些复合体实际上是由众多紧密相邻的恒星所组成的。

进一步的探索表明，R136a 中至少藏匿着 8 颗巨大的恒星，其中最大的一颗竟然是太阳质量的近 200 倍，亮度更是太阳的数百万倍。这些年轻的恒星年龄尚不足 200 万年，却以惊人的能量在周围的星云中吹出一个巨大的空洞。这个星团内估计至少包含 10 万颗恒星，它们共同产生的能量足以在其诞生地——广袤的气体和尘埃云中，开辟出一片空旷的区域。

新的太阳

在这片空旷区域中，一颗独特的恒星格外显眼，它位于星团的左上方。在哈勃望远镜捕捉的可见光照片中，它或许只是一颗不起眼的红色小星，但在韦布太空望远镜的镜头下，它却是最璀璨夺目的明珠，这是因为它释放着大量的红外辐射。尽管这颗恒星仍被一层紧密的尘埃云所包围，但它正逐渐挣脱束缚，犹如蝴蝶破茧而出。我们正在见证的，实际上是一颗新星的诞生。

韦布太空望远镜的照片还展示了数百颗正在形成的恒星模样，它们以橙红色的光点形式出现，仍隐藏在周围的星云物质中。星云中某些条纹的锈红色暗示了碳氢化合物的存在。蜘蛛星云（图中展示的仅为其中心部分）的直径超过 1 000 光年，是我们所处宇宙区域中最为庞大的恒星孵化区。与之相比，距离地球 1500 光年的著名猎户座星云，其直径"仅"为 25 光年。倘若蜘蛛星云位于猎户座星云的距离上，那么它散发出来的光芒，足以让我们在夜晚的星空下轻松阅读。

宇宙巨星

在宇宙的舞台上，还有一位真正的巨星值得一提——威斯特豪特 49-2（Westerhout 49-2）号恒星，它距离地球不到 4 万光年。这颗年轻而炽热的恒星质量高达太阳的 250 倍。恒星的质量若再大一些，便无法保持稳定，因为其高能辐射会将其自身吹散。重恒星的寿命往往十分短暂，它们在几百万年内便会以超新星的形式爆发消逝。

◀ 照片来源：NASA/ESA/CSA/STScI

太阳系的袖珍奇迹

水星,这个太阳系中最小的行星,直径仅为 4 879 千米。它远非人们想象中的彩虹色乐园,相反,它展示了一个由极端温度和地质活动塑造的奇异世界。在这张精心制作的水星北半球地图中,色彩被巧妙地用来呈现地表的起伏。橙色与红色的区域,相较于蓝色和紫色地带,赫然拔高了约 10 千米。

这张引人入胜的地图,得益于 2011 年 3 月成功进入水星轨道的美国"信使"号探测器及其精密的激光高度计。地图中心正是水星的北极,而外缘则延伸至北纬 45 度(在地球相似的纬度上,我们会目睹加拿大、俄罗斯及欧洲北部的风貌)。

作为离太阳最近的行星,水星经历着白天温度骤升至 400℃的极端环境。令人惊讶的是,这样一颗行星既无大气层的庇护,也缺乏海洋和湖泊的温柔怜悯。它的表面,如同月球一般,布满了宇宙历史的烙印——无数的陨石坑。这些陨石坑以艺术家的名字命名,如图片右侧突出的大陨石坑,它得名于中世纪格鲁吉亚的诗人鲁斯塔维里,而左上方同样显著的陨石坑则是以 19 世纪瑞典作家斯特林德伯格命名。水星的其他地域,还有一个名为伦勃朗的巨大撞击盆地,见证了这颗行星命途多舛的历史。

收缩的行星

水星北半球的大部分区域,包括北极周围的蓝色地带和右下方的绿色区块,都由古老的火山平原构成。约 35 亿年前,熔岩曾在此自由流淌。随着行星的逐渐冷却,地幔中的黏性岩石经历了轻微的收缩——这意味着在遥远的过去,水星的直径可能比现今要大上约 10 千米!回溯到水星诞生的初期,即约 45 亿年前,它的体积可能更为庞大,原因在于它拥有一个相对巨大的铁镍核心。这暗示了水星的岩石地幔厚度在最初可能比现在多 400 千米以上。科学家们推测,可能是某次与其他天体的碰撞导致了水星部分地幔的剥离。

尽管水星表面温度极高,但在这颗行星上,你不会找到常规的冰冻极地。然而,令人惊奇的是,在靠近北极的某些"紫色"小陨石坑底部,雷达竟探测到了冰的存在。这些陨石坑底部长期笼罩在阴影之下,使这些地方成为太阳系中最为寒冷的角落。

伏尔甘星(Vulcanus)

在 19 世纪,科学家们曾注意到水星的运动似乎并不完全符合牛顿的引力定律。当时,有天文学家推测其轨道可能受到了一个假设中更靠近太阳的行星——伏尔甘星的影响。然而,随着科学的进步,人们发现水星的轨道偏差完全可以通过爱因斯坦的相对论来解释,从而证明了伏尔甘星其实并不存在。

▶ 照片来源:NASA/ 约翰斯·霍普金斯大学应用物理实验室(Johns Hopkins University Applied Physics Laboratory)/ 华盛顿卡内基研究所(Carnegie Institution of Washington)

93

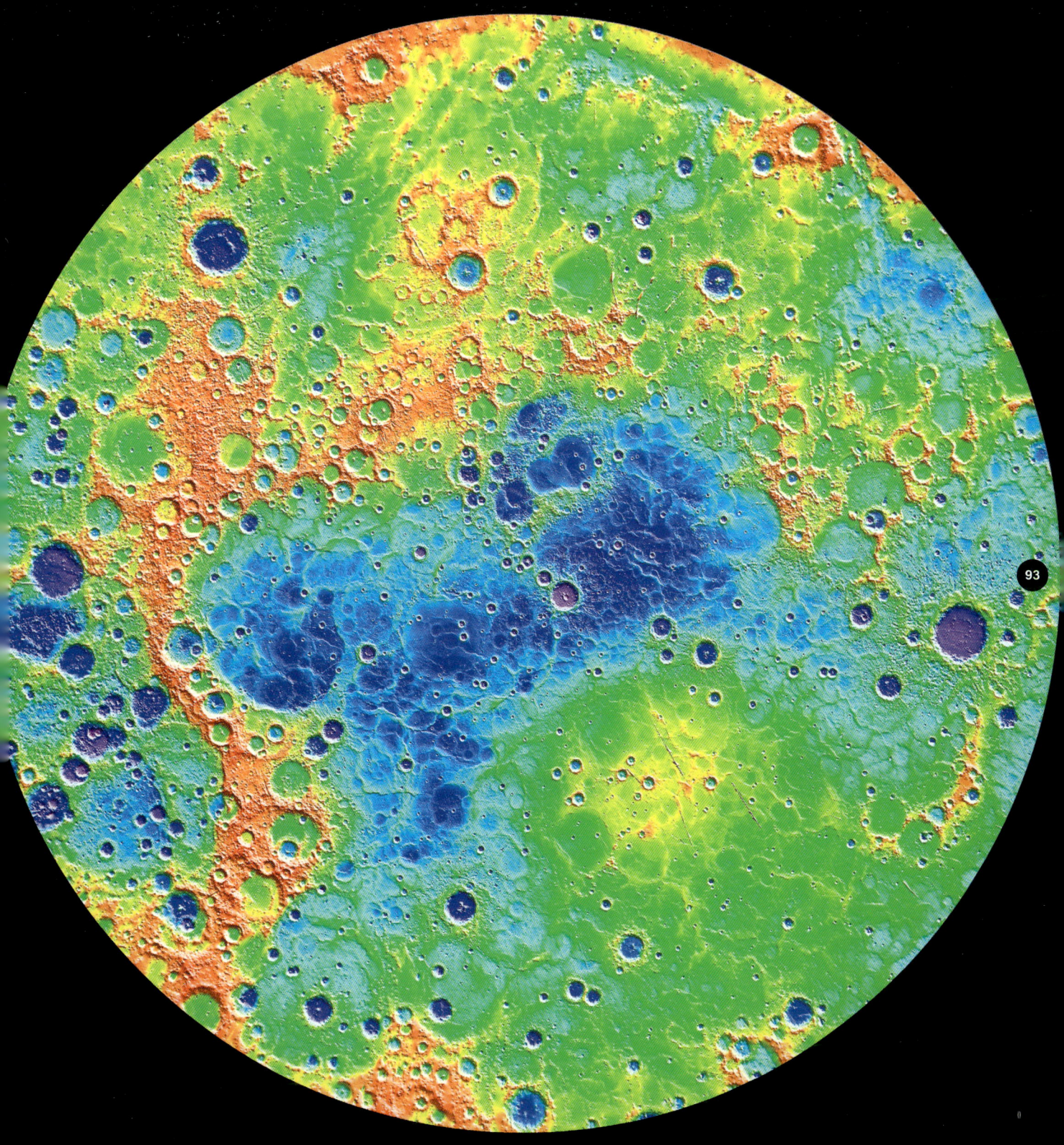

94

地球的高低极限

荷兰海拔的最低点位于南荷兰省新鲁尔克尔克的东北方向，那里比阿姆斯特丹标准海平面（NAP）还要低 6.76 米。而与之形成鲜明对比的是，南林堡省的弗尔瑟山巍然耸立，其顶峰高出 NAP322 米。为了精确标定这些高低点，我们需要一个稳定的参考点或基准高度。在荷兰，这一基准便是 NAP，它与北海的平均水位大致相当，为荷兰的高低点测定提供了一个可靠的标准。当然，世界各地都有类似的基准点来定义各自的海拔高低。

当我们放眼全球，问题便随之而来：如何为整个世界地图设定一个统一的基准面呢？这引发了对地球形状本身的探讨。地球并非完美的球体，而是两极稍扁的椭球体。赤道半径比两极的半径长出约 21 千米，现代科学公认的地球赤道半径为 6 378.137 千米。

尽管从太空俯瞰，地球的扁平度几乎难以察觉，但为了高精度的全球定位和导航，我们需要更为精确的地球形状模型。WGS 84 就是为卫星导航系统量身打造的一个模型，没有它，卫星导航以及车载导航系统的精度将大打折扣。

大地水准面

科学的进步也反过来受益于精确的导航技术。现在，我们可以极为精确地测量到地球固定点与绕地卫星之间的距离。卫星的轨道受到地球引力的影响，而这些轨道会不断显现出微小的偏差。其中一个重要原因是地球的引力分布并不均匀。通过将这些引力测量数据转化为图像，我们得到了地球的大地水准面（见左图）。在红色区域，引力强于地球平均值，而在蓝色区域则相对较弱。这种引力差异源于地球内部岩石密度的不同、地表的山脉与海底的深沟、潮汐、洋流以及风力等多种因素。这些宝贵的数据是由欧洲的地重卫星（GOCE）所采集的。

在潜艇中待几个月

荷兰杰出的地球物理学家费利克斯·安德里斯·维宁·梅涅斯（Felix Andries Vening Meinesz）对确定地球大地水准面做出了非凡的贡献。他精心研发了一种特殊仪器，能够在长达数月的从荷兰到印度尼西亚的潜艇航行过程中持续监测海底引力的微妙变化。

◀ 照片来源：ESA/GOCE/HPF/DLR

正在消失的冰川

珍贵的淡水资源

除了格陵兰和南极，全球存在着约 215 000 个冰川。然而，2023 年初的研究揭示了一个严峻的事实：受到全球变暖的影响，至少 1/4 的冰川预计将在本世纪内消失。这一变化对于全球大约 20 亿依赖冰川融水作为饮用水和农业灌溉水源的人口来说，无疑是一个巨大的威胁。目前，虽然冰川在夏季都会经历一定程度的融化，但越来越多的冰川融化速度已经超出了其冬季能够自然累积的速度。

冰川是在降雪丰富、气温几乎全年低于冰点的山区形成的自然奇观。每年夏天，部分积雪会融化；而到了冬季，新雪又会覆盖在旧雪之上。随着时间的推移，新雪层的重量逐渐将旧雪压缩成冰。这些被压缩的冰晶在重力的作用下，会像黏稠的液体一样缓慢移动。在冰川底部，由于压力而融化的水滴起到了润滑剂的作用，进一步促进了冰川的移动。在大多数山脉中，我们可以看到冰川缓缓流入山谷的景象。当冰川的舌部延伸至足够低的地方时，冰会在夏天融化，形成融水溪流。这些溪流与融化的雪水一同构成了许多大河的源头，如欧洲的莱茵河和流经巴基斯坦的印度河。

叹为观止的景象

在这张由俄罗斯宇航员于 2021 年 3 月 1 日拍摄的照片中，我们可以看到位于阿根廷和智利边界的南巴塔哥尼亚冰原的佩里托·莫雷诺冰川（Perito Moreno-gletsjer）。这座冰川时不时会延伸到对岸的岬角，从而阻断布拉索里科湖（Brazo Rico）与洛斯坦潘诺斯运河（Los Témpanos）（阿根廷湖的一个支流）之间的连接。随着冰川的融化和降雨的积累，布拉索里科湖的水位会逐渐上升，直到水压增大到足以使冰川舌部的末端断裂，这时湖水便会涌入运河。值得一提的是，在正常情况下，冰川的舌部也会定期断裂，这种壮观的自然现象也是该冰川成为热门旅游景点的重要原因之一。

值得一提的是，佩里托·莫雷诺冰川是南美洲唯一一个没有缩小的冰川。阿根廷的研究人员在 2020 年揭示了这一现象的原因：冰川的舌部被对岸的岬角所阻挡，因此在水中停了下来，无法无限期地向下流动。这种特殊的地理构造形成了一种反馈效应，使得冰川能够保持一个多世纪的稳定状态。

稳定的冰川

然而，即使像佩里托·莫雷诺这样稳定的冰川，在全球变暖的大背景下，其未来仍然充满了不确定性。因此，保护我们珍贵的冰川资源、减缓全球变暖的速度，已经成为全人类共同面临的紧迫任务。

▶ 照片来源：NASA/Roskosmos（ISS064-E-39294）

97

98

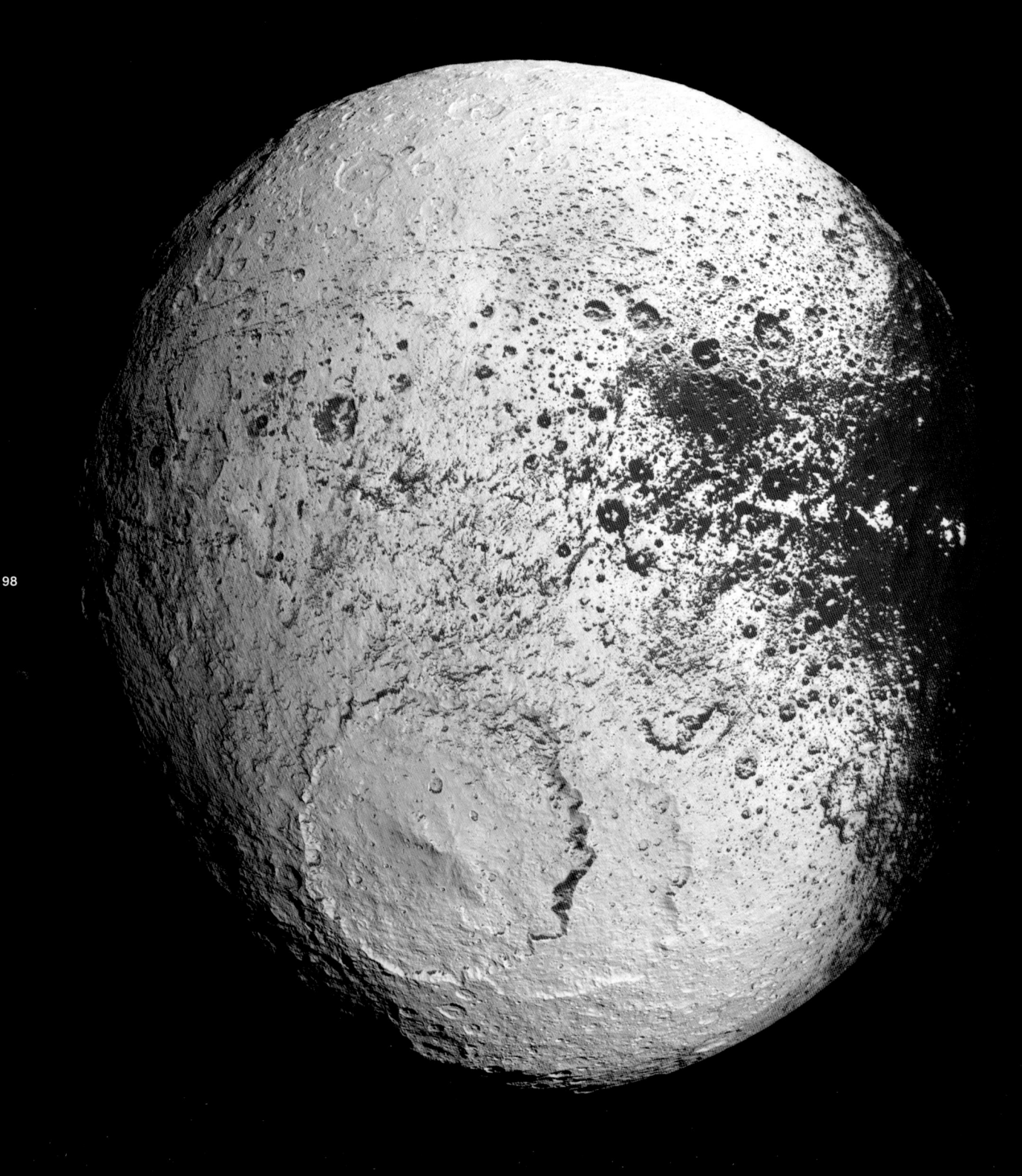

神秘的"阴阳卫星"

土卫八

在1671年，杰出的天文学家乔瓦尼·卡西尼（Giovanni Cassini）有了重大发现——他观测到了土星的一颗新卫星。这颗后来被命名为土卫八的卫星，其命名灵感来源于希腊神话中的泰坦。然而，这颗卫星的奇特之处不仅在于其名字的由来，更在于卡西尼观察到的一个独特现象：这颗卫星仅在土星西侧可见，而在东侧则完全隐匿不见。

经过深思熟虑，卡西尼得出了一个令人惊奇的结论：土卫八一定是一颗一半明亮、一半黑暗的卫星，并且具有同步自转的特性。这意味着，就像我们的月球那样，土卫八总是以同一面朝向土星。这种现象并非孤例，月球和木星的四颗大卫星也都展现出同样的特性，这是行星潮汐力作用的结果。

2007年，为了纪念卡西尼的伟大发现，以他名字命名的"卡西尼"号探测器拍摄到了土卫八的珍贵影像。这张照片展示了一颗直径为1470千米的冰质卫星，其明亮半球熠熠生辉，而黑暗半球则仅黯淡无光。在距离土星350万千米的地方，土卫八以79天的周期静静绕行，其黑暗半球始终朝向前行方向。正因如此，这一侧更多地承受了来自其他小型土星卫星陨石撞击所带来的黑暗尘埃。这就像一辆行驶中的汽车一般，前方的挡风玻璃总比后窗更容易积聚飞虫。

自我增强效应

历经数亿年的积累，这些黑暗尘埃引发了一种自我增强的效应。黑暗物质更能吸收并保留太阳的热量，导致表面冰层更易蒸发。随后，这些水分子更倾向于在温度较低的明亮部分重新凝结。长此以往，黑暗半球愈发深邃，而明亮半球则更加洁白无瑕。正因如此，土卫八被誉为"阴阳卫星"。

然而，尽管我们对其有了不少了解，但土卫八仍充满着许多未解之谜。其轨道相对于土星赤道的显著倾斜，至今仍是科学界没有解开的一个谜团。更壮观的是，在穿越黑暗半球的赤道上，有一条绵延1300千米、高达20千米的雄伟山脊赫然在目。在照片中右侧部分也能清晰可见。这条山脊的成因同样扑朔迷离，有科学家推测它可能源自曾环绕土卫八的环状物质。这条神秘而壮观的赤道山脊，也为土卫八赢得了"核桃卫星"的雅称。

太空漫游

在斯坦利·库布里克（Stanley Kubrick）导演的经典科幻电影《2001：太空漫游》中，虽然土卫八并未现身银幕，但在阿瑟·克拉克（Arthur C. Clarke）1968年的小说原著里，"阴阳卫星"却扮演着举足轻重的角色。在那片幽暗的卫星表面上，存在着一个耀眼而对称的椭圆区域，其中心矗立着一块神秘的黑色巨石，被誉为通往星际的神秘之门。

◀ 照片来源：NASA/JPL-Caltech/Space Science Institute

恒星诞生的奇妙旅程

大约 46 亿年前，我们的太阳还只是一颗处于初始发育阶段的恒星，而诸如地球这样的行星在那时还未见雏形。尽管我们无法目睹宇宙起源初期的具体景象，但幸运的是，在浩瀚无垠的宇宙的某些角落，我们得以窥探恒星诞生的奇妙过程。

在这张由最先进的韦布太空望远镜拍摄到的照片中央，一颗名为 L1527 的原始恒星熠熠生辉，它坐落于金牛座之中，距离我们 450 光年。这颗年轻的星体仅仅存在了 10 万年的时间，由于它的质量还未足以触发内部的核反应，所以尚未蜕变成一颗真正的恒星。然而，这一切迟早都会发生，在引力的牵引下，它正源源不断地从其诞生的幽暗气体与尘埃云中汲取着更多的物质。

原行星盘

这些幽暗的物质（在照片的左右两侧清晰可见）主要积聚在原恒星赤道周围厚重的旋转盘中。倘若你细心观察，便会发现盘内的部分物质以剪影的形态呈现，形成一道暗沉的水平线。在未来数百万年里，这个所谓的原行星盘有可能会孕育出新的行星。此刻的原恒星状态依旧不稳定，它正在不时地向外喷发出灼热的气体云。由于这个区域的尘埃云密度相对较低，所以气体云主要沿着恒星的旋转轴向外喷涌。同时，恒星形成过程中所释放的辐射也主要沿着这两个方向向外散逸。正因如此，在照片的上方和下方，两个锥形的"空洞"赫然在目，它们在红外照片中体现为明亮的橙色和蓝色区域。

这些壮观的景象对于普通望远镜来说是难以捕捉的，因为恒星诞生的过程被浓密的尘埃云所遮蔽。然而，韦布太空望远镜能力超级强大，除了最为密集的部分能够阻挡其视线，它还能在红外波段中穿透大部分尘埃云，去看清那些难以用普通望远镜发现的宇宙秘密。根据照片中的色彩差异，我们可以判断出这里的尘埃量到底有多少：橙色代表着相对较多的尘埃，而蓝色则意味着尘埃的吸收量很少。

韦布太空望远镜的敏锐视线还揭示了两个锥形空洞中丰富的细节。这些是由冲击波和灼热气体的紧密泡沫所构成的——它们都是原恒星中心能量爆发的产物。当我们凝视如今相对静谧的太阳系时，很难想象它也曾经历过如此剧烈的动荡。

恒星的诞生

原恒星已经开始散发光芒与热量，但其内部尚未发生核聚变反应。只有当氢元素转化为氦元素并释放出能量时，它才能被称为一颗真正的恒星。像太阳这样的恒星能够持续发光数 10 亿年之久。而那些质量更大的恒星则会以更快的速度消耗掉它们的核燃料，因此寿命也相对较短。

▶ 照片来源：NASA/ESA/CSA/STScI/J. DePasquale

101

世界在燃烧

▲ 照片来源：NASA（ISS061-E-120235）

2020 年初，澳大利亚东南部遭遇了一场毁灭性的超级自然火灾。2020 年 1 月 4 日，宇航员在国际空间站拍摄到了这场破坏性超强的大火景象，为我们留下了这张震撼的照片。这场火灾是由 2019 年的极端干旱所引发的，它的破坏力巨大，受灾面积达到惊人的 580 万公顷，土地上的一切自然景观都在这场浩劫中化为灰烬。

澳大利亚和英国的研究团队发现，这场自然火灾产生的烟雾冲上了 35 千米的高空。这直接将这一高度的气温在全球范围内至少提升了 0.5℃，进而对平流层的气候产生了显著影响。更令人震惊的是，这场火灾还加剧了南极上空臭氧层空洞的扩大，此前几年，这个空洞实际上是在逐渐缩小的。

许多被烧毁的自然景观原本是由生机勃勃、富含水分的树木构成。由于燃烧得不完全，火灾产生了大量的一氧化碳（CO，煤气的主要成分）。幸运的是，欧洲卫星哨兵 5P 上搭载的荷兰先进的对流层监测仪（TROPOMI）能够精确监测和追踪这些有毒气体（见插图）。对流层监测仪能够穿透大气层，对整个大气层中的气体进行全面测量，其测量结果显示为柱状结构（如插图所示）。基于已知的大火产生的一氧化碳与二氧化碳（CO_2）的比例，研究人员估算出这场火灾向大气中释放了惊人的 7000 亿千克二氧化碳，这一数字相当于荷兰 2021 年全年二氧化碳排放量的 4 倍。

对流层监测仪一氧化碳（CO）值
2020 年 1 月平均值

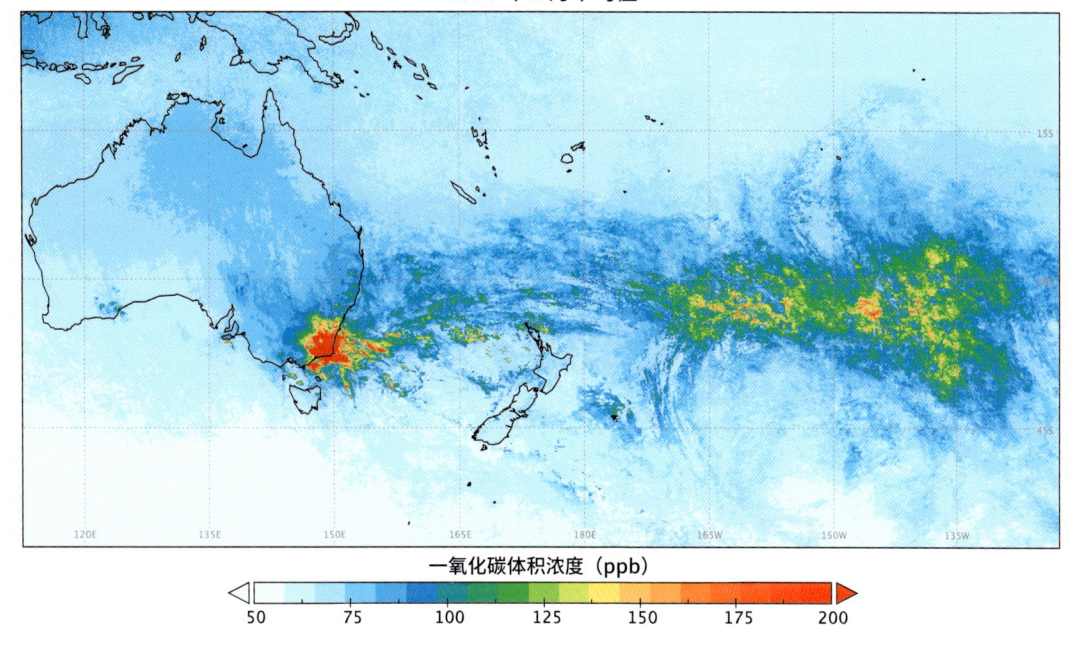

一氧化碳体积浓度（ppb）
50 75 100 125 150 175 200

▲ 照片来源：KNMI/SRON/ESA/EU Copernicus

闪电与人类的角色

瓦赫宁根大学网站上的自然火灾专家卡特琳·斯托夫（Cathelijne Stoof）解释说，森林、草地、泥炭地和苔原的野外火灾发生主要取决于 3 个因素：自然干燥的环境（如炎热干燥的夏季）、充足的燃料（通常是植物、灌木和树木）以及初始火源。值得注意的是，在欧洲，几乎所有的野外火灾都是由人类活动无意或故意引发的。近年来，自然火灾的数量不断攀升。大约一半是由诸如制动火花、汽车排气管过热、户外烧烤或丢弃的香烟等人为因素引起的，而另一半则是故意纵火的结果。而在偏远地区，闪电通常是引发野外火灾的主要原因。

自然火灾实际上是地球有机物质循环不可或缺的一部分。在传统的火灾易发地区，火灾与自然之间维持着一种微妙的生态平衡。

与火焰和谐共存

专家们认为，我们需要像应对极端天气带来的洪水或干旱一样与火焰和谐共存。我们应该允许在可控的范围内进行燃烧活动，但同时也要通过合理的土地管理措施来防止有害火灾的发生。在欧洲，一个名为火生命（PyroLife）的项目正在致力于这一领域的研究工作。通过科学的管理和干预措施，我们有望在与火焰的共舞中找到一种更加可持续的生存方式。

银河的壮丽画卷

在距离地球遥远的 4000 光年之外，拉古娜星云（Lagunenevel）正在静静绽放其独特的光芒。在晴朗的夏夜，我们仅凭肉眼便能在射手座中捕捉到它朦胧而微小的光斑。然而，即便借助大型业余望远镜，我们也难以探得其全部细节，远不及哈勃太空望远镜所拍摄的那张彩色照片来得丰富与细腻。那张照片，正是在 2018 年 4 月为纪念哈勃望远镜启用 28 周年而精心拍摄并发布的作品。

庞大的恒星孕育之地——拉古娜星云，与声名远扬的猎户座星云颇为相似，却离我们更为遥远，距离几乎是后者的 3 倍。在这片宇宙的育婴室中，新的恒星在引力的作用下，从星云的浓密部分逐渐诞生。这个辽阔的气体和尘埃复合体的范围长约 55 光年，宽约 20 光年。而在哈勃望远镜的照片中，我们能看到星云内部的一隅，尺寸仅为几光年而已。

新星的降生是一场壮丽的天文现象。照片中心的赫歇尔 36 号（Herschel 36）是一颗炽热的新生恒星，它正在向外发出高能紫外线辐射和强劲的电离粒子流。在这些辐射、恒星风和冲击波共同作用下，恒星周围形成了一个庞大的空洞。照片中那些黑暗的尘埃云，正是这个空洞边缘的印记。

这些气体和尘埃云不仅孕育了新的恒星，同时也在新生恒星的辐射侵蚀下，塑造出照片中那些奇特的形状。例如，赫歇尔 36 号恒星左下方的两个黑暗的"鼻状物"。它们各自向外延伸约半光年的距离，由炽热表面与冰冷内部之间的温差所引发形成的，其原理类似于地球上的龙卷风。

色彩编码

这张照片中的色彩并非真实的自然色彩。天文学家们巧妙地运用色彩来区分不同的成分。炽热的气体会发出光芒，而每种元素都会在其特定的波长上闪耀。像哈勃和韦布这样的太空望远镜装备了特殊的滤光器，能够筛选出特定气体的光线。这项照片呈现的最初结果是黑白图像，科学家们为每种气体赋予了独特的"色彩编码"，进而将这些图像组合成彩色照片。

在拉古娜星云的照片中，我们可以观察到炽热的氧气呈现出明亮的海绿色，而红色调则代表了氮气的存在。紫色区域则表示这里混杂了氢、氧和氮气。

梅西耶目录

早在 1774 年，法国人查尔斯·梅西耶（Charles Messier）就发布了一份清单，清单记录了数十个天空中模糊的物体。随着时间的推移，这份梅西耶目录扩展到了 110 个星云、星团和星系。拉古娜星云便是梅西耶原始列表中的第 8 个成员，因此也常被称为 M8。同样地，猎户座星云被编号为 M42，而仙女座星系则是 M31。

▶ 照片来源：NASA/ESA/STScI

105

106

五彩缤纷的湖泊

在玻利维亚的最南端，隐藏着一处令人叹为观止的美景——科罗拉达湖（Laguna Colorada），即"彩色湖"。这个浅盐湖的名字恰如其分，因为它的湖水呈现出五彩缤纷的色彩。这些迷人的色调，是由湖中嗜盐的红色微生物及其残留物所赋予的。这一壮观的景象，被法国宇航员托马斯·佩斯凯于 2021 年 7 月 9 日幸运地捕捉到了。

自然盐湖通常存在于世界各地的干旱地区，这些地方的降水稀少且夏季温度高。虽然许多盐湖呈现出洁白的色泽，但在卫星图像上，我们常常难以区分那究竟是冰雪还是盐滩。比如，玻利维亚北部的乌尤尼盐沼（Salar de Uyuni）和美国犹他州的大盐湖（Great Salt Lake）就是两个蜚声世界的例子。

盐，这一化学术语，描述的是酸和碱中和反应的产物。我们常见的盐类包括金属与卤素（如氯、氟和溴）结合而成的化合物。值得一提的是，"卤素"在希腊语中意为"产盐者"。我们日常食用的食盐，即氯化钠，就是其中一种。而海盐除了含有氯化钠，还融合了其他相关化合物，为其带来了独特的风味，深受厨师们的喜爱。

金属元素是通过岩石的风化作用释放出来的，它们通过矿物的化学分解形成可溶于水的盐类。随着水分的蒸发，在适宜的气候条件下，或者受气候变化影响的情况下，水体的盐度逐渐增高（例如，以色列的死海），盐开始结晶并在湖底沉积。当湖泊或海洋的水分完全蒸发后，留下的是一片盐滩。

采盐

世界各地的人们利用上述的自然过程来开采盐矿。在夏季炎热干燥的地区，我们总能发现所谓的盐田。人们将海水引入盐田，待其蒸发后便留下了盐。例如，在法国马赛附近，人们就可以采集到著名的盐之花晶体（fleur-de-sel-kristallen）。

盐湖还是开采盐类化合物中金属元素的重要来源。以锂电池中被广泛应用的锂元素为例：智利是这种金属的主要供应国之一，在智利的一些盐滩上，你可以看到类似蒙德里安风格的盆地图案。人们在这些盆地中泵入卤水，待其蒸发后，通过化学方法从剩余的盐中提取锂矿。

粉色火烈鸟

科罗拉达湖及其周边地区是 3 种火烈鸟的栖息地，其中包括濒危的詹姆斯火烈鸟。这些优雅的鸟类以其红粉色的羽毛和长腿而著称。它们的羽毛色彩来源于湖中的藻类，这是它们的主要食物。在这些火烈鸟身上，我们可以直观地看到饮食对它们外貌的影响。

◀ 照片来源：NASA/ESA/Thomas Pesquet（ISS065-E-162856）

外星上的高山

阿尔法地区（Alpha Regio）是金星上一处显著的高地。在这张引人注目的透视照片中，天文学家通过浅色调将它突出表现出来。这个区域高度平均比周边的熔岩平原高出 2000 米，东西绵延大约 1300 千米，堪称太阳系内最为壮观的山地景色之一。然而，遗憾的是，至今还没有人类目睹过这个宏伟的自然奇观。

金星，作为地球的近邻行星，其地表却被一层永久性的厚重云层所遮掩。这使得我们用普通的相机无法窥见其真容。但早在 1964 年，科学家们就发现了阿尔法地区的存在。他们利用大型碟形天线向金星发射雷达脉冲，并接收返回的反射信号。由于雷达波具有穿透云层的能力，科学家们在金星表面发现了一些明亮的反射"斑点"，而阿尔法地区正是其中最为显著的一个。

为了更深入地探索金星，1990 年至 1994 年，美国的"麦哲伦"号探测器利用雷达技术对金星表面进行了详细的测绘。值得注意的是，金星并非如其名所暗示的那样呈现金色；"麦哲伦"号提供的原始黑白图像后来经过着色处理。在这些雷达照片中，亮度成为衡量地表粗糙度的一个重要指标：暗色区域代表相对平滑的地表，而明亮的色调则表明地表极为粗糙，布满了各种石块和岩石。

皱褶区

当我们仔细观察阿尔法地区时，可以看到无数的"皱褶区"，这些都是该区域在多个方向上受到巨大构造力量作用的证据。这与地球上的青藏高原显著不同，后者的主要山脉走向大致平行。阿尔法地区的古老程度远超喜马拉雅山脉，其地质构成更接近于地球大陆的古老核心——克拉通。

环绕这片高原的黑暗熔岩平原虽然相对较年轻，但也至少形成了 5 亿年之久。在照片的左下角，我们可以看到一个巨大的椭圆形结构——"伊芙"（Eve），它是一种被称为"日冕"的地质特征（在拉丁语中意指"花环"或"皇冠"）。日冕可能是由巨大的火山活动形成的，但地质学家们目前尚未确定其具体的形成机制。

NASA 计划在 2027 年底发射一颗名为"真理"号（Veritas）的新型金星探测器。它将执行比"麦哲伦"号更为精细的雷达测量任务，并有望解答金星是否仍存在火山活动这一科学问题。

女性行星

有趣的是，金星上的所有陨石坑和地质结构都是以女性名字来命名的。例如，有些陨石坑是以安妮·弗兰克（Anne Frank）、玛丽亚·蒙台梭利（Maria Montessori）和弗里达·卡洛（Frida Kahlo）等杰出女性的名字来命名的。然而，也有少数特例，如阿尔法地区、贝塔地区以及以苏格兰物理学家詹姆斯·克拉克·麦克斯韦（James Clerk Maxwell）命名的麦克斯韦山脉。麦克斯韦的工作为雷达技术的发展奠定了坚实基础，使得我们能够更深入地探索宇宙的奥秘。

▶ 照片来源：NASA/JPL-Caltech/Eric de Jong/Jeff Hall/Myche McAuley

109

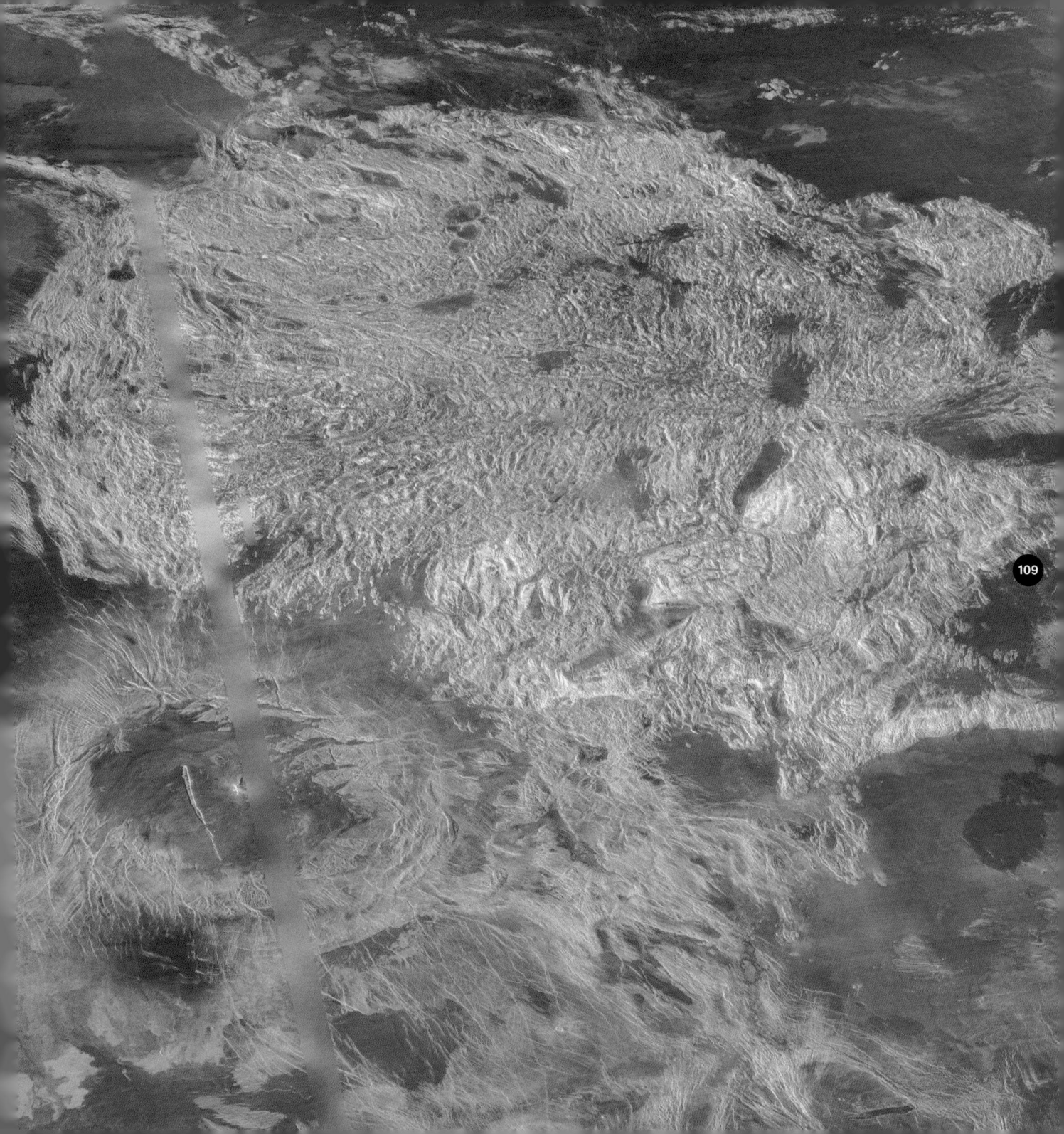

110

俄罗斯草原的防风林

"这是俄罗斯的极简主义雪艺术。这些绵延数千米的平行线，我虽不解其意，却为其所动。"这是法国宇航员托马斯·佩斯凯为 2017 年 2 月 16 日从太空拍摄并分享在推特上的一张照片所配的文字。然而，这绝不仅仅是艺术，其背后蕴藏着深刻的故事与智慧。

我们看到的是位于俄罗斯欧洲部分东南部，紧邻马蒂谢沃镇北部的一片辽阔草原。照片的视角从左至右延伸，覆盖的范围不足 10 千米。白雪皑皑的大地上，低角度的阳光穿透云层，使得众多浅浅的沟壑清晰可见。而那些模糊的灰色斑点，则是远处薄云投射下的阴影。若细心观察，便会发现那些几乎每条都带有阴影边缘的黑线，实际上是紧密栽种的树木带。这些树木或灌木，通常守护着田地的边界，或是环绕着大型水塘，形成不规则的圆环。特别值得注意的是，那种锯齿形的图案代表了一种特殊的三重防风林设计。而林带中的小小空隙，则代表了道路或溪流的位置。

700 千米的防风长城

自 18 世纪起，俄罗斯的农民们便在这片土地上扎根生活。在这平坦无垠的草原上，狂风常常肆虐，对农作物造成不小的损害，更在干旱季节引发严重的土壤侵蚀和巨大的沙尘暴。为了抵御这些自然灾害，农民们开始在田地和水塘四周种植树木，筑起一道道防风屏障。这一传统在整个 19 世纪都得以延续。特别是在 1946 年的大旱和 1947 年的歉收之后，当时的苏联政府制定了一项宏大的计划，旨在使更多土地适宜农业生产。虽然其中一些计划最终未能如愿，并在 1953 年苏联领导人斯大林逝世后被搁置，但锯齿形防风林项目却取得了显著的成功。在 1947 年至 1965 年间，苏联人几乎不间断地种植了超过 700 千米的三重防风林！每片林带宽约 60 米，林带与林带之间保持着约 800 米的距离。这一浩大的工程始于伏尔加格勒西北的彭扎市，一直延伸至靠近乌克兰边境的博罗季诺夫村。

树木的守护

防风林作为抵御风害和防止土壤侵蚀的有效手段，在世界各地都有广泛的应用。其中一个引人注目的例子便是美国的大平原防护林带。这个项目起始于 1935 年，并一直延续到 1942 年，其间美国人进行了大规模的植树活动，形成了一条从北达科他州的美加边境一直延伸到得克萨斯州的美墨边境的绿化带。尽管这条林带宽达 160 千米，但由于植被分布较为稀疏，从太空中并不容易观察到它的全貌。

◀ 照片来源：NASA/ESA/ 托马斯·佩斯凯（ISS050-E-52312）

木星上的神秘极光

壮观的自然现象

当你站在美国的阿拉斯加、加拿大、冰岛或北斯堪的纳维亚的广袤土地上，抬头仰望夜空，你可能会被那绚烂多彩的极光所吸引。这种令人叹为观止的自然奇观，源于太阳释放的带电粒子。它们顺着地球的磁力线闯入大气层，与氧和氮原子激烈碰撞，绽放出耀眼的光芒。在地球南极磁极的周边，同样可以欣赏到这一奇景，人们普遍称为"极光"。

然而，令人惊奇的是，在遥远的巨型行星木星上，也存在着类似的极光现象。尽管其形成原理与地球上的极光相同，但木星极光却拥有其独特之处。其主要的带电粒子来源于木星的大卫星——木卫一，那里的活火山不断将硫颗粒喷发到太空中。加之木星的大气成分与地球大相径庭，这使得木星的极光主要在紫外线和红外波段内显现，而在可见光范围内则几乎难以察觉。

在这张由韦布太空望远镜捕捉到的红外照片中，我们可以观察到一些迷人的细节。画面中模糊的水平与"对角线"光条，实际上是光线在望远镜的六边形镜片边缘发生衍射所造成的。照片左上角的水平光条同样是一个衍射峰，它是由位于画面之外的大卫星木卫一所引发的。而在照片的左侧，那颗明亮的"星星"正好坐落在木卫一的衍射峰之上，它其实是木星的一个较小卫星——阿玛尔忒亚（Amalthea），也就是木卫五。

稀薄的尘环

在木卫五与木星左侧之间，我们还能依稀看到木星的稀薄尘环，它几乎是以侧视的角度呈现在我们眼前。值得一提的是，木星环的亮度比木星本身要暗淡约100万倍。在尘环的左端，有一个微弱的光点，那是直径不足20千米的小卫星阿德拉斯提亚（Adrastea），也就是木卫十五。这个小卫星直到1979年才在美国"旅行者"2号探测器近距离拍摄的照片中被人类发现。在如此璀璨夺目的木星附近，能够捕捉到这样一个微弱的物体，无疑是一项了不起的成就。

当我们深入探究木星的大气层时，会发现数不尽的小旋涡和独特的流动模式。在照片的右下角，一处耀眼的亮斑特别吸引眼球，那便是赫赫有名的大红斑——一个规模宏伟、远超地球的巨型飓风。需要注意的是，虽然大红斑特有的鲑鱼粉色在红外照片中无从寻觅，但其亮度却与木星赤道上空的宽阔云带不相上下。这一现象的原因在于大红斑身处高层大气之中，因而能够反射出大量的太阳红外辐射。

巨型风暴

大红斑，作为木星南半球的一大醒目标志，自1830年起便一直受到天文学家们的密切观测。历史记录甚至揭示，早在1664年，英国自然学家罗伯特·胡克（Robert Hooke）可能就已经注意到了这个庞大的风暴。长久以来，这个飓风的直径稳定地保持在超过地球直径两倍的大小。然而，自2004年起，它似乎开始逐渐缩减，这不禁让人推测，在未来的几十年里，这个宏伟的自然奇观或许将彻底淡出我们的视野。

▶ 照片来源：NASA/ESA/Jupiter ERS Team/Ricardo Hueso（UPV/EHU）/Judy Schmidt

113

114

岛屿后面的云涡旋

在大气那宏伟壮观的舞台上，卡门涡街无疑是最为引人入胜的自然现象之一。这些优雅的涡旋，以美国航天工程学家西奥多·冯·卡门（Theodore von Kármán）之名命名，充分展现了大自然那令人惊叹的鬼斧神工。冯·卡门，原名泰奥多尔·卡门（Tódor Kármán），1881年5月11日出生于匈牙利的布达佩斯。他的学术生涯始于德国，但1930年时，身为犹太人的他在德国感受到了不安，幸运的是，他获得了美国的研究员职位，从此开启了新的人生篇章。尽管冯·卡门并非首位探究水和空气中涡旋形成的科学家，但这些迷人涡旋最终却以他的名字被世人所铭记。

当空气或水流轻轻抚过一个障碍物，它们便在其背后巧妙地编织出一串串涡流，如同自然的指纹一般。桥梁的桥墩周围，正是这一绚丽奇景的最佳观赏地。在特定的流速下，肆虐的乱流悄然消失，取而代之的是一串串井然有序的涡流，它们向左和向右交替分离，仿佛一群优雅的舞者在无形的舞台上轻盈起舞。这便是涡街的诞生时刻，一种自然界中独特的美妙舞蹈。

在空气中，这些精灵般的涡旋通常难以被肉眼捕捉，除非在适宜的高度有一层薄云作为背景，才能将它们衬托出来。在地球的某些隐秘角落，这些舞者似乎找到了它们的常驻舞台。在小型山区岛屿或孤立的高山之巅，持续的微风吹拂下，形成的涡旋直径通常为20～40千米，宛如大自然的神秘符号。

直到卫星的镜头开始探索地球的每一个角落时，这些隐藏在自然中的美景才被世人所发现，这样我们才有机会欣赏到这一自然界的奇妙现象。

2019年2月2日，美国水卫星（Aqua）捕捉到了智利胡安·费尔南德斯群岛（Juan Fernández-eilanden）中的亚历杭德罗·塞尔克尔克岛（Alejandro Selkirk）和鲁滨逊·克鲁索岛（Isla Róbinson Crusoe）附近的涡旋盛宴。在这两座岛屿的下风处，一串串涡旋如同军队的阵列般整齐划一。这样的涡街不仅出现在这里，大西洋中的马德拉（Madeira）、加那利群岛（Canarische Eilanden）和佛得角群岛（Kaapverdische Eilanden）附近，加利福尼亚和墨西哥西部的岛屿周围，加拉帕戈斯群岛（Galapagos Eilenden）、千岛群岛（Koerilen）和阿留申群岛（Aleoeten）附近，以及印度洋南部的一些岛屿群附近，都是它们表演的舞台。

大自然的涡旋之谜

卡门涡街不仅是天空中优雅的舞者，它们还在潜移默化中影响着我们的日常生活。正是这些涡旋的轻轻触碰，激起了风琴琴弦的悠扬振动，也让旗杆上的旗帜在风中骄傲地飘扬。然而，它们的力量远不止于此。1965年11月，英国一座电厂的三座巍峨的冷却塔，竟也在这神秘涡旋的无形压力下轰然崩塌，这一事件震惊了世界，也让我们更加敬畏自然的力量。

布达佩斯的火星人

回到冯·卡门的青年时代，他在布达佩斯与一群同龄的天才朋友们共同成长。他们共同求学，每个人都闪耀着不可思议的智慧之光。岁月流转，这些当年的青涩少年都成长为各领域的杰出研究者。其中一位名叫利奥·西拉德（Leo Szilárd）的朋友，曾以玩笑的口吻说道，他们仿佛是火星人派遣到地球的使者。从那时起，"布达佩斯的火星人"这一雅号便传为佳话。

▶ 照片来源：NASA/WorldView/ 水卫星

荷兰的圩田

在荷兰，圩田无疑是最具代表性的地貌，它不仅展现了人类与自然的和谐共存，还体现了荷兰人对土地的深情与智慧。圩田，这个在许多语言中都被采纳的词汇，通常指代那些被围堤保护起来的沼泽地，或是从水域中重新夺回的土地。

这张由宇航员于 2020 年 4 月 15 日拍摄的照片，向我们展示了荷兰最宏伟的几片圩田。在左上角，我们可以看到维灵厄梅尔，这片土地于 1927 年至 1930 年被开拓，并从 1934 年开始作为肥沃的农田使用。照片的中心位置是艾瑟尔湖圩田，而右上角则是东北圩田，它的建设时期为 1936 至 1942 年。再往下看便是弗莱福兰，它原本由东弗莱福兰和南弗莱福兰两部分组成，分别建于 1950—1957 年和 1959—1968 年。

这些壮观的圩田是须得海工程的杰出成果。自 17 世纪以来，荷兰人一直致力于解决须得海地区频繁的洪水困扰。进入 19 世纪后，围垦土地的重要性日益凸显。这些努力最终汇聚成了 1891 年科内利斯·莱利提出的宏伟蓝图——在须得海边缘围垦出丰饶的黏土地，同时巧妙保留海中的沙洲核心地带，并通过建造坚固的堤坝来显著缩减须得海的海岸线。为了进一步驾驭须得海或其剩余水域，荷兰人建造了著名的阿夫鲁戴克大坝（Afsluitdijk），该堤坝横跨北海，将北荷兰省与弗里斯兰省紧密相连。值得骄傲的是，诺贝尔奖得主、杰出物理学家亨德里克·洛伦兹（Hendrik Lorentz）为这一宏伟工程提供了至关重要的计算支持。然而，真正推动这一计划落地实施的，却是 1916 年 1 月 13 日至 14 日那场暴风雨所引发的灾难性洪水。当时，须得海周边的堤坝多处破溃，大片土地被洪水吞噬，这一事件成为计划实施的重要转折点。

莱利的计划

莱利的宏大计划最终得到了广泛实施，然而，在第 5 个计划中的圩田部分，即便其周边的堤坝业已筑成，艾湖及其毗邻的马肯湖地区并未完全实现开发。特别值得一提的是，在 2016 年至 2021 年这段时间里，马肯湖（Markermeer）区域开展了一个名为"马肯瓦登"（Markerwadden）的小规模围垦项目，该项目着眼于促进自然生态的发展（见照片中心部分）。有趣的是，北东圩田在规划之初并未采用环湖设计。同样，弗莱福兰起初也未考虑此设计，但东北圩田的实践迅速说明，在没有环湖设计的情况下，调节圩田内的水位不仅难度极大，而且成本高昂。

圩田内部的土地利用展现出了高度规整的布局，这无疑成为它们的一个鲜明特色。过去，私人开发尝试往往效果不彰，因此，政府在南海圩田的开发中采纳了严格的规划措施，这涵盖了土地分配及农民的选择等方面。这一点在附带的照片中得到了清晰的反映。

> **须得海中的岛屿**
>
> 曾经的须得海中散落着五个岛屿：维林根（Wieringen）、于尔克（Urk）、斯霍克兰（Schokland）、马尔肯（Marken）和庞普斯（Pampus）。如今，前三个岛屿已经融入圩田之中，而马尔肯则通过堤坝与大陆相连。

▶ 照片来源：NASA（ISS062-E-150432）

117

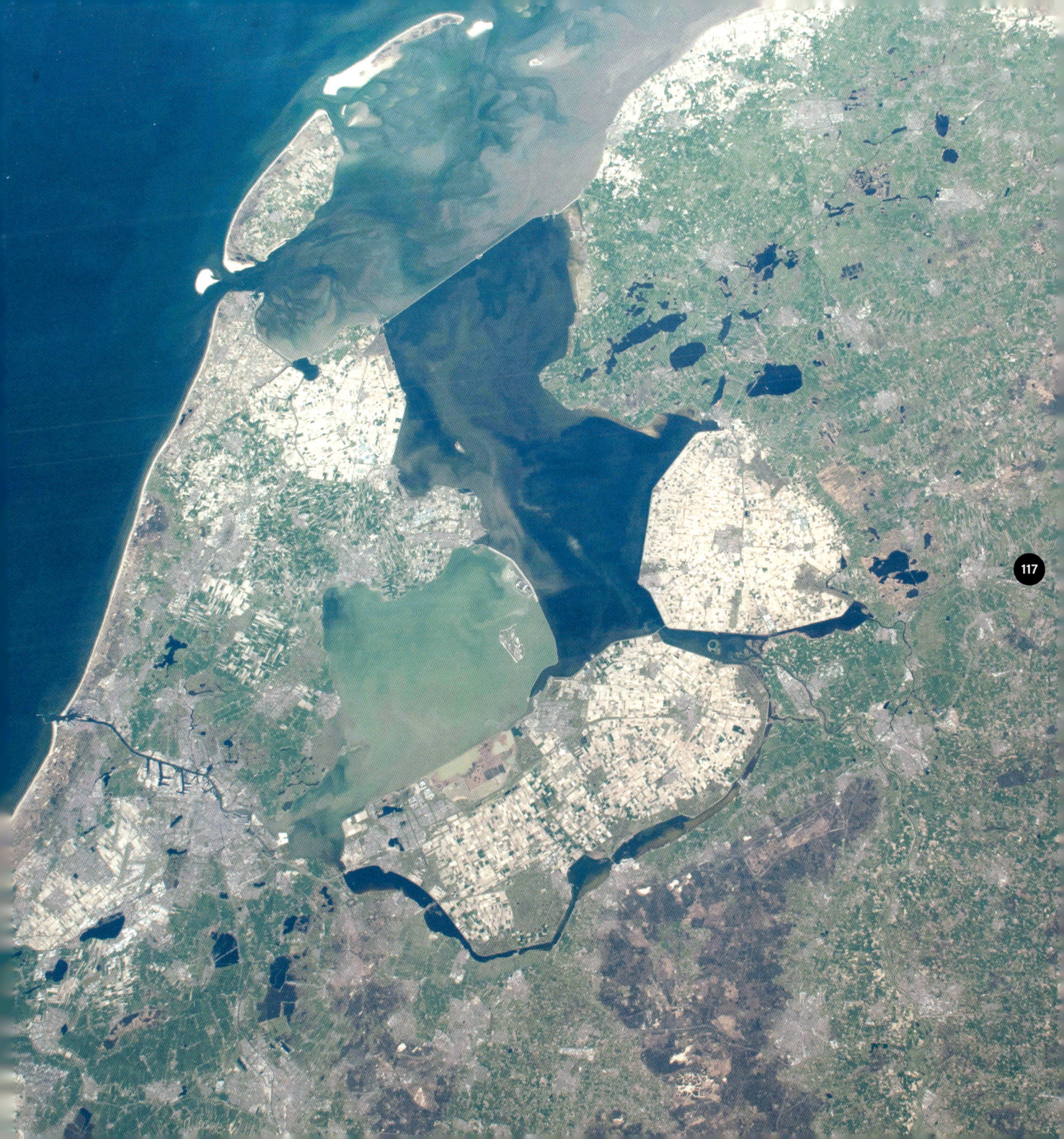

118

外星火山奇观

"比萨月球"木卫一

在 NASA 的喷气推进实验室里,木卫一被戏称为"比萨月球"。这个昵称背后有一个温馨的故事。1979 年 3 月,当"旅行者"1 号探测器飞过木星时,那些辛勤的飞行控制员和科学家们为了捕捉这些珍贵的太空影像,每天工作长达 20 小时,他们的饮食几乎全靠快餐和可乐支撑。当"旅行者"1 号首次传回木卫一的图像时,人们惊讶地发现,这颗木星的卫星表面坑洼不平,形状奇特——凭借些许想象力,你甚至会觉得它就像一张新鲜出炉的比萨饼,上面撒满了马苏里拉奶酪和橄榄,还点缀着番茄酱。

木卫一,作为木星四大卫星中距离木星最近的一颗,早在 1610 年就被意大利天文学家伽利略·伽利莱发现。在"旅行者"1 号拍摄到这些详尽的照片之前,行星科学家们就预测木卫一上可能存在活跃的火山活动,它由木星的强大潮汐力所驱动。"旅行者"1 号的发现证实了这一点,它观测到了巨大的含硫物质喷发和众多火山结构。事实上,在整个太阳系中,木卫一的火山活动是最为剧烈的。

木卫一的体积比我们的月球略小,其重力不足以维持一个稳定的大气层。因此,那里永远不会有风的存在。喷发出的物质会以一种完美对称的模式落回地表,从而在火山口周围形成明亮的环形光晕,这一特征在照片的中左部清晰可见。同时,由于木卫一的重力相对较小,大量的硫颗粒被喷发到太空中。

洛基帕特拉熔岩湖

在这张照片上,你可以看到无数的黑点,它们都是火山,但活跃程度各不相同。特别值得注意的是照片中下方的橙黑色斑点——那是洛基帕特拉(Loki Patera),一个巨大的熔岩湖。它的面积约为 800 平方千米,温度可高达数百摄氏度。需要指出的是,这张照片的颜色是经过人工合成的,因为其中融入了人眼无法直接观测到的红外测量数据。如果我们能用肉眼直接观察木卫一,它将会呈现出硫黄那样鲜明的黄色。

"旅行者"1 号和"旅行者"2 号在完成对木星的考察任务后,都踏上了前往土星的旅程。因此,它们对木星及其四大卫星的观测时间相对短暂。然而,自 1995 年底起,"伽利略"号木星探测器开始了其长达 8 年的绕木星运行之旅。在这期间,它持续不断地为我们传回了丰富的数据,揭示了这颗庞大行星、其朦胧的大气层以及辽阔的卫星系统的众多奥秘。

> **伽利略的发现与新世界观**
>
> 使用一架优质的望远镜,你甚至可以自己观测到木星的四大卫星。这些卫星最早是由伽利略·伽利莱在 1610 年 1 月使用他自制的望远镜发现的。这一发现对伽利莱来说意义重大,他认为这是对哥白尼日心说世界观的进一步确认——毕竟,并非宇宙中的一切都围绕地球旋转。

◀ 照片来源:NASA/JPL/ 亚利桑那大学(University of Arizona)

直布罗陀海峡的奥秘

站在西班牙大陆最南端的塔里法角，你可以远眺非洲大陆的轮廓。这里距离摩洛哥的西雷斯角不到 14 千米，如此之近的距离，理论上讲，只需几个小时的步行，你便能踏上非洲的土地。这样的近距离让人不禁遐想，历史上的某个时期，人们或许真的能够徒步跨越这两片大陆。事实上，大约 650 万年前，由于地壳的运动，直布罗陀海峡曾一度部分甚至完全干涸，这样的地质变迁为地中海地区带来了深远的改变，也为两大洲之间的往来提供了可能。

尽管众多河流源源不断地向地中海注入淡水，但地中海地区温暖的气候使得水分的蒸发速度远远超过了河水的补给速度，从而使得地中海的水位能够保持相对的稳定。然而，在地壳变动导致河流补给几乎停滞的那段时期，地中海的水分蒸发量急剧攀升。随着水分的迅速蒸发，地中海的水质逐渐变咸，最终导致了大部分海域的干涸。时至今日，在地中海的海底，我们依然可以看到那些因蒸发而沉积的厚厚的石膏和盐层，它们静静地躺在那里，无声地见证并讲述着地中海过去的变迁与历史。

大约 533 万年前，地中海与大西洋的连接再次被打通。地质学家们对于这一过程的详细机制各持己见，但最广为接受的观点是，西班牙流向干涸海床的河流侵蚀作用，最终促成了与大西洋的再次相连。海水重新涌入干涸已久的地中海，其中最为引人注目的假说是所谓的"赞克里亚洪水"。在洪水的巅峰时刻，每秒涌入地中海的水量高达 1 亿立方米，相当于现今亚马孙河流入大西洋水量的千倍之多，仅在数月至 2 年内便重新填满了地中海。不过，也有研究指出，这一过程可能更为缓慢，或许是在大约 10 年的时间内分阶段完成的。

水流的逆向交汇

时至今日，地中海因持续的蒸发作用而积累了更多的盐分，使得其水质相较于大西洋盐度更高。正因如此，在直布罗陀海峡处，我们可以观察到一个有趣的现象：大西洋的海水从表层流入地中海，而较为浓重的地中海水则沿着海底向外流出。这一现象在 2021 年 12 月 7 日由美国宇航员凯拉·巴伦（Kayla Barron）所拍摄的照片中得到了生动的展现。在照片的右中部，可以清晰地看到海水向东流动的波纹，仿佛是大自然的画笔在地中海与大西洋交汇的地方勾勒出一幅流动的画卷。

> **深海中的战略要道**
>
> 直布罗陀海峡不仅在自然地理上占据重要地位，在历史上的战争中也扮演了关键角色。第二次世界大战期间，交战双方的潜艇便利用深海的海水流动，悄无声息地穿越直布罗陀海峡。它们关闭引擎，借助水流的力量，秘密地进出地中海，进行战略部署与行动。

▶ 照片来源：NASA/ 凯拉·巴伦（ISS066-E-87151）

121

122

探访神秘的火星

火星陨石坑

数千年前,一颗巨大的陨石,或许有着几十米的直径,以惊人的速度冲向火星表面,撞击出了一个巨大的陨石坑——维多利亚陨石坑。这个陨石坑直径800米,尽管其规模比亚利桑那州著名的陨石坑小了大约30%,但它依然凸显了宇宙那不可估量的力量和深邃的神秘。

行星科学家们将这个陨石坑命名为"维多利亚",这个名字来源于塞舌尔的首都,以此表达对该城市的敬意。值得一提的是,许多小型火星陨石坑都是以地球上的著名港口城市命名的,这样的命名方式不仅具有纪念意义,更蕴含着一种对未知世界的浪漫追求和探索精神。

在浩渺的太阳系中,陨石坑无处不在。月球和水星表面布满了形态各异的陨石坑,它们记录了数亿年前的撞击历史,至今仍然清晰可见。相比之下,地球上的陨石坑数量就显得较为稀少,这主要是因为地球上古老的陨石坑在时间的流逝中被风化和侵蚀所消除。而火星的地质活动状态则处于地球和月球之间,既不像地球那样活跃,也没有像月球那样完全静止,因此其陨石坑得以相对完好地保存下来。

维多利亚陨石坑的锯齿状边缘,源于火星表面沙质结构的不稳定性,相较于坚硬的岩石,沙质材料更易受到外力影响而发生变化。在某些区域,材料会因受到侵蚀而发生崩塌,滚落至陨石坑底部,有时甚至携带大块岩石一同坠落,陨石坑的北缘就清晰地展现了这一景象。而在陨石坑底部,积聚了深达75米的细腻火星沙。在火星稀薄的大气中,强风席卷而过,经年累月地塑造了错综复杂、美丽而神秘的沙丘地貌。这些沙丘,如同火星表面的艺术品,诉说着这颗红色星球独特的地质和气候故事。

◀ 照片来源:NASA/JPL-Caltech/University of Arizona/Cornell/ 俄亥俄州立大学(Ohio State University)

"机遇"号的火星之旅

2006年10月,一张关于维多利亚陨石坑的照片被拍摄下来,这是由美国火星勘测轨道器上的高分辨率成像科学实验(HiRISE)相机在300千米高空所拍摄的杰作。这部相机的分辨率极高,甚至可以捕捉到小于1米的细节。在照片的左上角,陨石坑的西北缘上,有一个微小但不容忽视的点,那便是"机遇"号火星车。这辆火星车于2004年初成功降落在火星上,与另一辆火星车一同开始了它们的探索之旅。

"机遇"号火星车曾在火星上活跃了长达15年,它的探索轨迹遍布火星的各个角落,累计行驶距离超过了45千米。在完成了对小型维多利亚陨石坑的探测之后,"机遇"号又踏上了新的征程,向更大规模的奋进陨石坑(Endeavour)进发。奋进陨石坑位于维多利亚陨石坑的东南方向,距离大约20千米。这次探险将进一步拓展我们对火星的认知,揭示更多关于这颗红色星球的秘密。

即使在今天,火星上仍然时常会有新的小型陨石坑形成。由于火星的大气层极为稀薄,陨石在撞击地面时几乎没有减速,因此它们能够几乎完好无损地撞击地面。然而,像维多利亚这样的大型陨石坑的形成,仍然是比较罕见的天文现象。

对火星的不懈探索

在太阳系的所有行星中,火星无疑是被无人探测器、着陆器和机器人探测车访问最多的行星之一。最新的火星车"毅力"号(Perseverance)甚至携带了一架小型直升机,为火星的探索工作带来了新的可能性与视角。这些先进的探测器不仅帮助我们更深入地了解火星的神秘面纱,也为未来的火星探索任务奠定了坚实的基础。

地球的极寒宝库

在地球的两端，隐藏着神秘的冰盖。北极的冰盖薄如轻纱，仅仅几米之厚，静静地漂浮在深邃的海洋之上。然而，南极的冰盖却展现了截然不同的壮丽景象。其平均厚度高达2160米，而最厚之处更是达到了惊人的4776米。这片广袤无垠的冰盖，覆盖了约1420万平方千米的土地，面积之广甚至超越了整个欧洲。而在这片被冰雪统治的大陆之下，隐藏着南极洲，一个充满古老与多样地貌的奇异世界。

南极洲，这片充满神秘的极端之地，蕴藏着惊人的冰层量——约3000万立方千米。这些冰层若融化，全球海平面将灾难性地急剧上升57米。此外，这里还记录下了地球上最为极端的低温，温度曾一度达到零下89.2℃，展示了大自然令人惊叹的威力。尽管南极洲的降水量以雪的形式存在，但降雪量却极为稀少，这使南极洲竟成为地球上最为干燥的大陆之一，颇具戏剧意味。更为引人注目的是，根据国际共同协议，这片圣洁的土地被宣布为无人拥有之地，任何国家都无权对其提出主权要求，保持了它的原始与纯净。在这片寂静而寒冷的土地上，仅有大约1000人居住，他们全都是科学研究的勇士及其助手，以坚定的信念共同探索着这片未知的领域，揭示着南极洲深藏的秘密。

回溯5.4亿年前的遥远时代，南极洲曾是超级大陆冈瓦纳的一部分，见证了地球板块壮观的汇聚与分离过程。在那时，冈瓦纳大陆位于赤道附近，气候温暖湿润，与今日南极洲的酷寒环境形成鲜明对比。然而，地壳板块的持续运动带来了巨变。大约从1.6亿年前起，冈瓦纳大陆开始逐渐分裂，南极洲也由此踏上了向南的漫长漂移旅程。

大约在3000万年前，南极洲与南美洲的最后一丝陆地联系被彻底切断，这标志着南极洲的完全孤立。一个封闭的海洋环流系统随之形成，阻挡了温暖海流的涌入，南极洲因此逐渐陷入了寒冷的深渊。大约在1500万年前，这片大陆的大部分区域被厚厚的冰层覆盖，塑造了我们今天所见的南极洲的壮丽景色。这段历史揭示了地球演变的奥秘，也让我们对这片冰雪覆盖的大陆有了更深的理解。

东南极和西南极

从地质学的角度来看，南极洲被清晰地划分为东南极和西南极两个部分。它们的分界线便是那条巍峨壮观的横贯南极山脉。在东南极的下方，隐藏着一片广袤的高山区域，而西南极则呈现出山脊与深邃谷地相间的复杂地貌。在这片神秘的土地上，最低点位于深不可测的本特利深渊之中，其深度达到了惊人的2550米！得益于飞机上先进仪器的探测，科学家们已经能够绘制出详尽的地下结构地图。同时，通过卫星技术的辅助，研究人员不仅能够精确测定冰盖的厚度，还能实时追踪其微妙的变化。

陨石矿

南极洲还是一座名副其实的陨石宝库。自1912年第一块陨石在这里被发现以来，研究人员已经成功收集了超过45 000块珍贵的陨石样本。这些陨石通常呈现出较深的颜色，在雪地和冰面的映衬下显得格外醒目。它们主要集中在横贯南极山脉的山麓地带，由于冰盖的不断运动，这些陨石被不断地推挤和聚集在一起，形成了独特的陨石矿藏。

▶ 照片来源：NASA/Worldview/Aqua

125

126

麦田怪圈

新尼罗河谷地

在埃及西南的边远地带，距离尼罗河畔的阿布辛贝大约 300 千米的地方，隐藏着一片名为沙尔克·欧维纳特（Sharq el Oweinat）的绿洲。这张引人入胜的照片，由日本宇航员若田光一在 2022 年 11 月 21 日从太空拍摄。画面中，一个个规则的圆圈其实是农田，它们依靠中心旋转的喷灌系统来滋养。深色的圆圈内种植的是诸如土豆这类的双子叶类作物，而浅色圆圈内则培育着谷物和洋甘菊等。那些颜色最浅的圆圈，是经过燃烧清理后准备迎接新一轮播种的土地，左上角那一缕轻烟，正是燃烧留下的印记。

这片充满生机的绿洲是新谷项目的重要组成部分，该项目虽然有着深厚的历史背景，但直到 1997 年才焕发出新的生机。在埃及，绝大多数的人口（2023 年达到 1.08 亿）都聚居在尼罗河流域的狭窄地带以及首都开罗以北广袤的三角洲地区。然而，这些地区仅占埃及国土总面积的不到 5%，导致了极高的人口密度。

新谷计划的宏伟蓝图旨在将沙漠地带改造成宜居之地，从而有效缓解尼罗河谷地区沉重的人口压力。该计划曾构思了一个大胆的方案，即从尼罗河上的纳赛尔水库通过运河向西引水，以滋润干旱的沙漠土壤，使其变得肥沃而宜居。这一创举不仅展现了人类对自然环境的改造能力，更为埃及的未来描绘了一幅充满希望的画卷。

雄心壮志

然而，这些宏伟的蓝图最终被证实过于理想化。尽管靠近尼罗河的区域已经建成了一条运河和数片绿洲，但向西延伸的运河建设计划却最终夭折。沙尔克·欧维纳特绿洲的灌溉水源，主要依赖抽取地下水，这些珍贵的水源来自古老的努比亚含水层，是一个在撒哈拉沙漠远比今日湿润的时期（距今 2 万年至 5000 年）积累下的淡水砂岩层。然而遗憾的是，在目前极端干燥的气候条件下，这些宝贵的水资源无法得到自然的补充，因此持续的抽取行为并不可行。除此之外，地下水位过低、水质咸涩，以及灌溉引发的土壤黏土化等一系列问题，都给这一宏伟项目带来了前所未有的挑战。但值得一提的是，2022 年全球粮食危机的爆发，无疑为这个项目注入了新的活力和紧迫感。在粮食短缺的压力下，新谷项目的重要性愈发凸显，它或许能为缓解全球粮食危机提供一条新的出路。

制作麦田怪圈

在这片生机勃勃的绿洲之中，一种被称作"中心枢轴"（pivot）的灌溉系统（荷兰语中常被称作"spilirrigatie"）得到了广泛的推广和应用。这种灌溉系统的工作原理是通过农田中央的一个固定点来输送或抽取水源，随后借助一个可以围绕该中心点旋转的双臂架构，利用喷嘴将水均匀地喷洒到农田的每一个角落。这种灌溉方式造就了我们所见到的那些独具特色的圆形农田，它们宛如一幅幅精美的图案，点缀在大地之上。这些圆形田地，不仅提高了灌溉效率，还成为这片绿洲中一道独特的风景线，被人们戏称为现实中的"麦田怪圈"。

◀ 照片来源：NASA/JAXA/ 若田光一（ISS068-E-23219）

七姐妹星团

"你能否锁住昴星团的链条，解开猎户座的羁绊？"这句充满诗意的问句出自古老的《圣经·约伯记》，深刻地反映了昴星团，也就是人们常说的七姐妹星团，在人类历史文化中所占据的重要地位。尽管我们无法精确考证这段经文的年代，但其中流露出的对这个星团的熟悉与迷恋却是不言而喻的，这种情愫已经历经了数百年的沉淀。每当冬季的晴朗之夜，只需抬头仰望，那群明亮的恒星便映入眼帘，它们在深邃的夜空中勾勒出一幅动人的星图。

在丰富多彩的希腊神话中，昴星团被赋予了阿特拉斯和普勒俄涅的七位仙女女儿的化身，这一设定与星团中那些熠熠生辉的恒星形成了美妙的呼应。尽管人们常称其为七姐妹星团，似乎暗示着它由七颗星星组成，但事实上，我们用肉眼通常只能看到五到六颗恒星。不过，对于那些视力极佳的观测者来说，他们有的能辨认出近十颗恒星。此外，这个所谓的"开放"星团具有一个显著特点：星团的恒星几乎都是同龄的，它们都由同一大团宇宙气体和尘埃在相近的时间内孕育而生。这些已存在约 1 亿年的恒星，默默地见证了地球上恐龙的崛起与繁盛。

反射星云

当我们凝视这些明亮的恒星时，会发现它们不仅散发出温暖的光芒，更主要的是释放出大量的蓝光和紫外光，这在它们周围的星云中表现得尤为明显。这些星云由微小而寒冷的尘埃粒子组成，它们反射出恒星的光辉，形成了一片璀璨的反射星云。过去，天文学家曾认为这些星云是星团诞生时残留的宇宙云，但如今的研究已经明确，这实际上是一片与昴星团无关的尘埃云，星团只是恰巧穿越其中。

昴星团之所以如此引人注目，很大程度上是因为它距离我们相对较近，大约只有 445 光年。在浩瀚的银河系以及邻近的大麦哲伦星云中，虽然存在着许多更为庞大的开放星团，但由于距离遥远，我们只能通过强大的望远镜来观测它们。

值得关注的是，我们的太阳在约 45 亿年前诞生之初，也曾是一个密集星团中的成员。然而，星团内部的引力作用并不足以将这些恒星永久地维系在一起。在未来，数亿年后的昴星团也终将面临解体的宿命。到那时，星团中的恒星将各自踏上特有的轨道，继续在银河系这片广袤无垠的空间中穿梭前行。由此可见，昴星团的所谓"锁链"并非坚不可摧，它也有着自身的生命周期和演变过程。

内布拉星盘

在德国，人们曾在 20 世纪末发现了一块镶嵌着金箔的青铜盘，它的历史至少可以追溯到 3600 年前。这块被誉为内布拉星盘的神秘文物，直径达到 32 厘米，是迄今为止已知的最古老星空图。除了满月和弯月的图案外，星盘上还精心描绘了一个对称的七星群——这无疑是对昴星团的生动写照。

▶ 照片来源：大卫·德马丁（Davide De Martin）/ESA/ESO/NASA/Photoshop Fits Liberator

129

130

世界的屋脊

高度的测算

在照片的中心下方位置，赫然耸立着世界的最高峰——珠穆朗玛峰。这座壮丽的山峰标志着一个向北延伸的干旱山谷的起始，其峰顶以8848.86米的惊人高度傲视群雄。这张极具视觉冲击力的照片，由日本宇航员若田光一在2022年12月18日从太空中拍摄。珠穆朗玛峰，这座全球知名的山峰，矗立在中国西藏的边界上，而照片的下方则是尼泊尔，那里的云层在低矮的喜马拉雅山谷中缭绕。

如果说起珠穆朗玛峰的首次精确测量，我们需要将时间回溯到1852年。其实，早在1802年，作为当时英属印度的殖民统治者，英国人就已经开始了一项雄心勃勃的项目：对整个印度次大陆进行全面的测量，这个项目被称为"大三角测量"。最初人们预计这个庞大的测量项目只需5年就能完成，但显然这种预期过于乐观了。由于资金短缺等问题，这个项目持续了大约70年后才被不得不终止。

三角测量，即通过测量角度以推算距离和高度的方法，为所有测绘活动奠定了基础。只需知晓一个三角形的一条边及其相邻的两个角度，测绘人员便能推算出其他两边的长度。这些新计算出的边，又成为新的三角形的基础，这样，测绘人员便能在待测区域内构建起一个完整的三角形网络。虽然这在理论上听起来简单明了，但在实际操作中却涉及大量的数学运算，因为测量过程会受到各种因素的影响，更何况我们的大地是一个球体。

世界之巅的传奇

大约在1850年，测绘队伍终于抵达了喜马拉雅山脚下。数学家拉达纳特·锡克达尔（Radhanath Sikdar）利用照片和球面三角测量法，精心计算了东喜马拉雅山的最高峰的高度。对于那座被标记为第十五峰的山峰（即后来的珠穆朗玛峰），他在1852年得出了其高度为29 000英尺（约为8839米）的结论，这也是当时所知的最高峰。有趣的是，他的上司手动为这个数值增加了2英尺（约60厘米），原因竟是人们可能不会相信这个整齐的29 000英尺数字。到了1955年，印度的一次新测量活动得出了29 029英尺（约合8848米）的结果。到了2022年，尼泊尔和中国联合进行了一次测量活动，得出了新的高度数据：8848.86米。

珠穆朗玛峰高度的变迁

对珠穆朗玛峰的高度进行精确测量，不仅具有重大的科学意义，其科学依据也相当深远。由于地壳的构造运动，这座巍峨的山脉仍在不断地向上增长。然而，与此同时，风化作用和强烈地震后的地基下沉现象又可能使其高度有所降低。除此之外，全球气候变暖所引发的冰川融化也会导致地基发生反弹效应。因此，通过持续而精确的高度测量，研究人员能够紧密地跟踪这些错综复杂且多变的地质变化，从而更好地理解我们星球的动态演变过程。

◀ 照片来源：NASA/JAXA/ 若田光一（ISS068-E-30372）

银河系的"好邻居"

由于我们身处于银河系之中,因此永远无法从外部直接观测到它的全貌。太阳和地球深嵌在银河系的中央平面内,距离星系核心大约 26 000 光年之遥。这种内部视角,就像身处繁华城市的市中心一般,使得我们难以看到城市的整体布局,同样地,我们所处的位置也限制了对银河系整体结构的认知。

尽管我们能够眺望宇宙深处的其他星系,但遥远的距离往往使它们的细节模糊不清。然而,有一个星系属于例外,那就是我们的近邻——仙女座星系。这个壮观的星系距离我们"仅仅"250 万光年,在秋夜晴朗的天空中,如果你知道它确切的位置,甚至可以用肉眼捕捉到它的身影。

在天空中,仙女星系的规模比满月大得多。然而,由于其庞大的体积,专业的天文望远镜也因其视野限制而难以一次性捕捉其全貌。值得一提的是,这张令人震撼的照片并非出自专业天文学家之手,而是由新加坡的业余天文学家伊万·博克(Ivan Bok)所拍摄。他的摄影技巧和对天文的热爱,让我们有机会一睹仙女座星系的瑰丽风采。

仙女座星系不仅在视觉上比我们的银河系更为壮观,其内涵也更为丰富。它至少囊括了一万亿颗恒星,伴随着无数星团和星云的点缀其中。其螺旋臂内蕴藏着大量的气体和尘埃,这些物质至今仍在孕育着新生的恒星。与银河系相似,仙女座星系也拥有两个小型的伴星系,彼此相互依偎。

宇宙碰撞

谈及宇宙的演变,一个引人入胜的话题便是星系的碰撞。直到 20 世纪初,天文学家们对于像仙女座星系这样的"螺旋星云"是否独立于银河系之外还存有疑虑。到了 1923 年,埃德温·哈勃(Edwin Hubbel)通过对星系中个别恒星的精确测量,发现了仙女座星系位于银河系之外的决定性证据。

哈勃的研究还揭示了一个令人惊奇的事实:在宇宙普遍膨胀的背景下,大多数星系都在离我们远去。然而,银河系与仙女座星系却是个例外。它们正以每秒约 100 千米的速度相互靠近,彼此间的引力作用日趋明显。预计在大约 40 亿年后,这两个星系将迎来一场缓慢但终将发生的碰撞与融合,形成一个崭新的巨大椭圆形星系,这个未来的星系已被预先命名为"银河仙女合并星系"(Milkomeda)——一个由"银河系"(Milky Way)和"仙女座星系"(Andromeda)组合而成的新名字。

矮星系

在广阔的星系世界中,不仅存在着巨大的螺旋星系,还伴随着许多小型的伴星系。例如,我们的银河系就与大麦哲伦星云和小麦哲伦星云相伴共生,而仙女座星系则与 M32 和 M110 星系相邻。更为惊奇的是,这两个宏伟的螺旋星系还被数十个微弱的矮星系所环绕,它们仿佛守护着这两个大星系。然而,这些矮星系的未来似乎并不明朗。在宇宙的演化过程中,它们中的大多数最终都难逃被其强大的"母星系"吞噬的命运,这样的情形在过去已经无数次上演。

▶ 照片来源:Ivan Bok/Wikimedia Commons

133

134

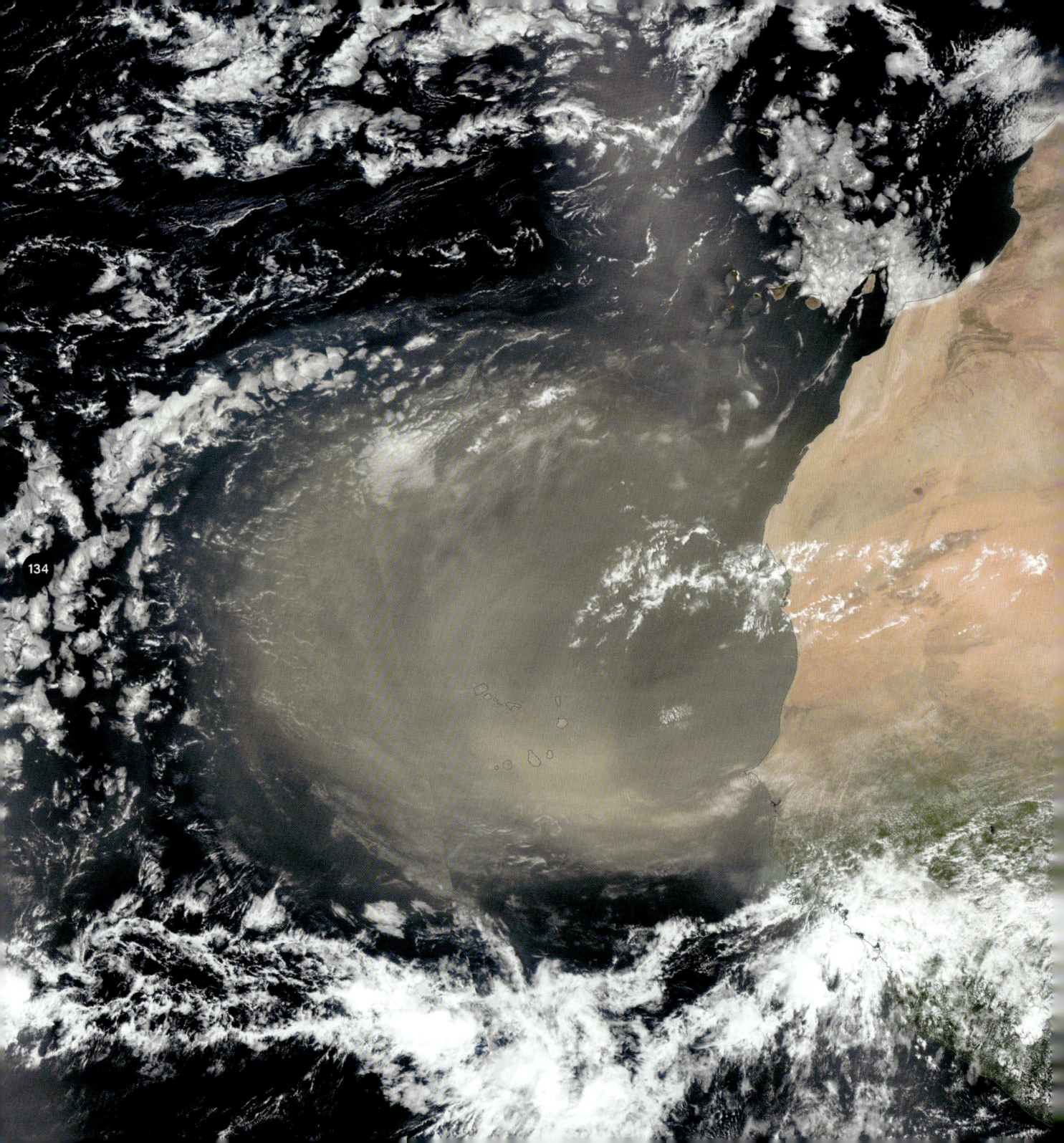

布满尘埃的世界

在天气预报中，有时会听到关于高空撒哈拉沙尘的消息，一年中会听到好几次。即便在晴朗明媚的日子里，这种奇特的现象也偶尔会显现。那时，天空不再呈现清澈的蓝色，而是一片苍白。小雨过后，人们甚至能在汽车或花园家具上发现一层薄薄的沙尘。

风是沙尘传播的重要媒介，这一点我们都有深刻的认识。每当风暴来临，沙滩上的沙子便会在风的作用下起舞，形成壮观的景象。沙丘的形成也是风力的杰作，它通过搬运和堆积沙粒，塑造出独特的自然景观。值得注意的是，靠近地面的沙粒往往较大，而更细小的物质则有可能被风卷入高空。这些微小的尘埃粒子有着惊人的传播能力，它们可以随着空气流动，飘行数千千米之远。举例来说，来自中国戈壁沙漠的尘埃就经常被风吹向东方，甚至远至太平洋东部的夏威夷都能检测到这些尘埃的存在。

撒哈拉沙漠是全球沙尘的主要来源，贡献了大约一半的沙尘量，而中东和中亚的沙漠则提供了约 40% 的沙尘。撒哈拉沙漠的尘埃主要源于两个地区：一是阿尔及利亚、马里和毛里塔尼亚三国交界的地带，另一个则是乍得的博德勒低地。偶尔飘到我们这里的尘埃，多来自第一个地区。特别是在春季，气流常常会将撒哈拉沙漠的沙尘吹向我们的方向。

记得 2021 年 2 月 22 日那天，一片巨大的沙尘云覆盖了整个西欧，甚至远达挪威。这里展示的一张照片，是由美国地球观测卫星苏米 NPP 在 2018 年 7 月 31 日下午拍摄到的，画面显示了西北非地区一大片壮观的撒哈拉沙尘云。

1800 亿千克的沙尘之旅

每年，约有 1800 亿千克的沙尘从撒哈拉沙漠西部被风裹挟着吹向大西洋。其中，大约 400 亿千克的沙尘能够穿越整个大洋，历经约 5000 千米的旅程，最终抵达加勒比海地区和巴西东北部。这段旅程大约需要一周的时间。这些沙尘，其实是风化的岩石，因此它们像原始岩石一样，由各种矿物质组成。例如，沙尘中就含有磷和铁，也可能携带有机物质。大部分的沙尘最终会落入海洋，成为海洋中微生物的养分。对于遥远的亚马孙雨林来说，这些沙尘还是一种天然的肥料。

荷兰历史上的流沙

回溯到 20 世纪初，费卢沃地区曾有着超过 70 平方千米的裸露流沙地带，给当地带来了诸多困扰。那时，火车乘客们甚至有过流沙侵入车厢的惊险经历。然而，如今这些沙地已经发生了翻天覆地的变化，几乎全部被茂密的森林所覆盖，昔日的流沙地带已然成为一片绿意盎然的林地。同样地，在德伦特和北布拉班特地区，历史上也曾有大片的流沙区存在。这些地区一度被称为荷兰自己的小沙漠，可见当时流沙问题的严重性。

◀ 照片来源：NASA/Worldview/Suomi NPP

璀璨的星团

在南半球深邃的夜空下抬头仰望，你的目光定会被一个璀璨的光斑牢牢吸引。它坐落于杜鹃座内，呈现出一种朦胧而近乎球形的轮廓，大小与满月相仿，令人瞩目。这个神秘的天体早在 18 世纪中叶，就被法国天文学家尼古拉-路易·德·拉卡伊（Nicolas-Louis de Lacaille）所记录，并被冠以杜鹃 47 号（47 Tucanae）之名。如今，得益于现代天文学研究的深入，我们已然揭示出它的真实面目——一个由数百万颗恒星紧密聚集而成的宏伟球状星团。它距离我们有 15 000 光年之遥，尽管如此，我们依然能在地球上目睹这一宇宙的壮丽奇观。

哈勃太空望远镜为我们捕捉到了这张震撼的照片，画面仅展示了球状星团那紧密无间的核心区域。在这里，恒星间的距离短得惊人，不到 1/10 光年。不难想象，若置身于这样一个密集核心中的某个假想行星上，抬头仰望，天空必将被无数耀眼的星辰所填满。

然而，令人遗憾的是，在这样密集的球状星团中，似乎并不存在行星。哈勃望远镜曾对杜鹃 47 号进行过深入的探索，但结果却未能发现一颗行星的踪迹。这或许是因为邻近恒星强大的引力对行星系统的形成造成了严重的干扰。

白矮星

哈勃望远镜在球状星团中还发现了数千颗白矮星。它们曾是像太阳一样的恒星，在走完它们的生命历程后，它们会先膨胀成红巨星，将大量物质抛洒至太空，随后又逐渐坍缩，变成微弱而缓慢冷却的白矮星。

其中，一些白矮星还与其他天体构成了双星系统，它们可能围绕着另一颗恒星、快速旋转的脉冲星（这种奇特且超紧凑的恒星，质量与太阳相当，但直径仅有约 25 千米），甚至是神秘莫测的黑洞旋转。在杜鹃 47 号中，就有一颗白矮星以惊人的速度绕着一个黑洞旋转（旋转周期不到半小时），两者之间的距离也仅有 100 万千米。

杜鹃 47 号中的恒星大多已经存在了数十亿年，这使得这个球状星团成为银河系中最古老的天体之一，见证了宇宙的漫长历史。然而，在这古老的星团中，也存在着一些年轻的恒星，它们像是宇宙中的新生代。例如，在星团中心右下方的位置，有一颗异常明亮的蓝色恒星，它就是一颗相对年轻的蓝色巨星。这颗恒星拥有高达 11 000°C 的炽热温度，所散发的光芒亮度竟是太阳的 1000 多倍。

> **星云中的恒星**
>
> 我们通常会用希腊字母或数字来为星座中的恒星命名。然而，"杜鹃 47"号这一名称，实际上可能会让人误以为它只是一颗普通的恒星。当约翰·博德（Johann Bode）在 1801 年首次采用这个名称时，他并未目睹这个如星云般绚烂的天体。时至今日，这个壮观的球状星团还被广泛称为 NGC 104，这一编号来源于约翰·德雷尔在 1888 年编纂的《新星云和星团目录》，它在其中位列第 104 位。

▶ 照片来源：NASA/ESA/Hubble Heritage（STScI/AURA）/J. Mack（STScI）/G. Piotto（University van Padua）

137

宇宙悬崖

置身于银河系的浩瀚星海，我们现在来到了一个神秘而壮丽的地方——恒星的诞生地。在这张照片的下方，你可以目睹数百颗新星从寒冷的气体和尘埃云中冉冉升起。这一过程虽然漫长，需要历经成千上万年，但这一刻，却被由韦布太空望远镜拍摄的照片以惊人的细节展现出来。

这片被誉为"宇宙悬崖"的奇观，实则是巨大船底座星云的一部分，它位于遥远的 7600 光年之外，唯有从地球的南半球才能清晰地观测到。星云内藏匿着众多年轻的星团和初生的炽热巨星。值得一提的是，1843 年，这里的一颗名为船底座 η 星（Èta Carinae）的恒星曾经历了一场惊天动地的爆发，使其在短短几天内跃升为天空中亮度第二的星辰。

在船底座星云的边缘，隐藏着一个相对较小却近乎完美的球形气体与尘埃壳，这就是编号为 NGC 3324 的神秘天体。韦布太空望远镜捕获的这张照片，仅仅揭示了其壮丽景象的冰山一角。借助太空望远镜高精度的红外摄像技术，我们能够窥见星云内部无数新生的恒星，它们在照片中以点点黄色光斑的形态绽放光芒。

清理尘埃

在这片星云的某处，几十颗年轻而炽热的恒星正用它们的高能紫外线辐射清扫着周边的环境。这些恒星的力量创造了一个相对空旷的"气泡"，而"宇宙悬崖"正是这个气泡的外缘。这一辐射蒸发的过程仍在持续进行中，照片上那些浅蓝色的竖直"蒸汽条纹"，便是由蒸发的尘埃粒子和被加热的气体原子所构成。预计再过大约 50 000 年，这片黑暗的星云将会几近消失。届时，我们将能够通过普通的望远镜，清晰地看到那些曾在云中孕育的新星。

这张令人震撼的全景图是韦布太空望远镜在 2022 年夏季发布的首批珍贵照片之一。和韦布拍摄的大多数照片一样，里面的色彩并非真实可见——因为人眼对红外辐射并不敏感，所以不同的红外波长在这里被赋予了独特的色彩。

▲ 照片来源：NASA/ESA/CSA/STScI

超级恒星

位于船底座星云中心的 η 星，无疑是银河系中最为引人瞩目的恒星之一。它的体积达到了太阳的数百倍，体型之大令人叹为观止。它的质量也重得惊人，约为太阳的百倍之多。更令人难以置信的是，它的光度竟然高达太阳的 400 万倍，仿佛一颗璀璨的明灯，在遥远的宇宙中散发无尽的光芒。η 星的表面温度也维持在约 30 000℃ 的高温，展现出一种惊人的能量和活力。然而，尽管它如此耀眼夺目，但由于距离我们过于遥远，我们无法用肉眼直接欣赏到这颗璀璨的巨星。它的美丽与神秘，只能在天文学家们的望远镜中得以展现。

海边的森林卫士

位于伊朗大陆与凯什姆岛之间的库兰海峡（Straat van Khuran），隐藏着一个神秘且别具一格的哈拉生物保护区（Hara Bio-reservaat）。此处特有的耐盐黑色红树林，以其深邃的色调为这片地域注入了独特的风景魅力。在 2022 年 4 月 17 日，德国宇航员马提亚斯·毛雷尔有幸从空中记录下了这一令人震撼的自然奇景。通过提升照片的对比度，他让我们有机会更加细致地领略这片森林的每一寸土地与枝叶的瑰丽。

这片红树林不仅令人赏心悦目，更承载着重要的生态功能。它是海蛇、珍稀的玳瑁和绿海龟的家园，为这些珍稀生物提供了一个安全的栖息地。而在寒冷的冬季，这里更是成为鹈鹕的温暖避风港，它们在这里度过严寒，繁衍生息。哈拉生物保护区以其独特的自然景观和丰富的生物多样性，成为自然界中一道亮丽的风景线。

红树林，实际上是广泛分布于热带和亚热带地区自然奇观的统称。它涵盖了那些能在盐水、高温、剧烈潮汐变化、浑浊水体以及缺氧土壤中顽强生存的灌木、树木和棕榈树。这些红树林构建了一个重要的生态系统，为众多海洋生物提供了繁衍后代的理想场所。更为神奇的是，它们像天然的屏障，保护着沿海地区免受飓风和海啸的肆虐，通过削弱海浪和减缓水流，促进沙子和淤泥的沉积。

放眼全球，我们会发现印度尼西亚、巴西和澳大利亚是红树林生长的三大宝地。据统计，全球红树林覆盖面积约为 14 万平方千米。值得一提的是，印度尼西亚拥有全球 1/4 的红树林资源，但令人惋惜的是，从 1982 年至 2000 年，该国的红树林面积竟减少了一半。虽然气候变化对此有所影响，但更多的破坏却源自人类活动：树木被肆意砍伐，土地被排干用于建设，甚至被改造成鱼塘以满足养殖业的需求。

这是一个全球性的问题。随着人口的增长和生活需求的提升，人类活动不可避免地与自然环境发生冲突。但这样的冲突，往往以牺牲自然环境为代价，使得沿海地区更加脆弱，面临侵蚀的威胁。

恢复红树林

然而，环保的希望之火仍在燃烧。自 2015 年起，印尼与荷兰便携手合作，在中爪哇北海岸的德马克地区共同启动了一项创新性的红树林恢复试点项目。这个项目巧妙地融合了技术与社会经济策略，通过精心打造一座绵延 3.4 千米的半透水坝，成功复苏了 199 公顷的红树林生态系统。与此同时，项目团队与当地居民建立了深厚的合作纽带，推动了虾类养殖业的绿色转型，显著提高了渔民们的捕捞收益。这一卓越成果在 2022 年 12 月的联合国生物多样性大会上荣获备受瞩目的世界恢复旗舰奖，无疑是对项目团队不懈努力的最高赞誉。

与自然共建

这一切的成功都离不开"与自然共建"的理念。这是一种由荷兰提出的创新海岸管理方法，它巧妙地利用自然过程，如海洋电流和风沿海岸的沉积物运输，以可持续的方式保护和加固海岸。这种方法不仅保护了自然环境，更实现了人类与自然的和谐共生。

▶ 照片来源：NASA/ESA/ 马提亚斯·毛雷尔（ISS067-E-16743）

141

142

周期性喷发的宇宙奇观

在这张由韦布太空望远镜捕捉到的照片中，我们看到了一个宛如巨大天体指纹的奇妙景象。环绕中心恒星的环至少有 17 个清晰可见，它们之间的间距约为 1.4 万亿千米，这大约是太阳到遥远的海王星距离的 150 倍。这些环由冷尘埃构成，因此在普通望远镜下难以窥见。然而，这些尘埃释放出的红外辐射却被韦布太空望远镜敏锐地捕捉到了。

那么，这颗恒星为何会周期性地喷发出尘埃或烟雾环呢？为了解答这一问题，我们需知道这颗中心恒星实际上是一个双星系统，即由两颗恒星在宽阔的轨道上互相环绕运行。在多数情况下，这两颗恒星间的距离遥远，超过 10 亿千米。然而，每隔 8 年，它们会达到一个最近的点，此时的距离约为 2 亿千米，这个距离仅比地球与太阳之间的距离多出 30%。正是这种周期性的接近，可能导致了尘埃或烟雾环的定期喷发。

双星的恒星风

构成这个双星系统的两颗恒星都是庞大且炽热的巨星，它们以每秒数千千米的速度向宇宙空间喷涌出大量的气体。每当这两颗恒星运行到最接近的位置时，它们所释放出的恒星风会发生相互碰撞，导致重元素凝结成微小的尘埃粒子。因此，每过 8 年，就会形成一个新的、不断膨胀的尘埃壳。

这对相互绕转的恒星（统称为 WR 140，在照片中我们无法单独看到它们）坐落于天鹅座，距离我们大约 5 000 光年。它们的质量是太阳的数十倍，光度更是高达太阳的几十万倍。这些恒星的表面温度达到数万摄氏度，主要释放出高能紫外线辐射。然而，在韦布太空望远镜敏锐的红外波段观测下，这些恒星并不显眼，从而使得我们能够清晰地拍摄到那些微弱的尘埃壳。

照片中，这些球状壳呈现为环状的原因在于，壳的侧面沿着我们视线方向的尘埃数量远多于"前面"的尘埃。这个原理与空中的肥皂泡看起来像个圆圈相似，主要是因为泡沫的侧面部分对我们来说是可见的。除了 WR 140 所呈现出的"指纹"图案外，这张照片的背景中还点缀着数十个遥远的星系，它们距离地球数亿甚至数十亿光年之遥。

宇宙中的双星现象

我们的太阳是一个独立的恒星，然而在浩瀚的宇宙中，至少有一半的恒星实际上是双星系统的一部分，即两颗恒星在相互的引力作用下绕转。双星系统拥有多种类型和尺寸，而且两个恒星成分之间往往对彼此的演化过程产生着深远的影响。值得一提的是，宇宙中除了双星系统外，还存在着三星、四星、五星甚至六星系统，这些复杂的恒星系统为宇宙增添了更多的神秘与色彩。

◀ 照片来源：NASA/ESA/CSA/STScI/JPL-Caltech

太阳系中最美的行星

土星，被誉为太阳系中最迷人的行星，以其宏伟壮观的光环而广受赞誉。这一令人叹为观止的自然奇观，早在 17 世纪中叶就由杰出的科学家克里斯蒂安·惠更斯揭示于世。然而，身处地球，我们通常只能一窥光环明亮耀眼的那一面。而此刻展现在您眼前的这幅照片，却是由卡西尼探测器在环绕土星的轨道上捕捉到的独特视角，它向我们展现了光环深邃且神秘的暗面。在这张照片中，阳光从左下角斜斜穿透而来，如同行星日夜交替之际的那道神秘交界线，将光环的深邃之美展现得淋漓尽致。

尽管光环是从下方以较小的角度被照亮，但其清晰度仍然不减，这说明它并非一个整体的固体盘面。实际上，土星的光环由无数大小和形状各异的岩石和冰块汇聚而成，它们仿佛小型的卫星，紧紧围绕在这颗庞大的行星周围旋转。特别值得一提的是，那些微小的尘埃颗粒和冰晶在背光的环境下显得格外显眼。这是由于一种被称为前向散射效应的现象，与我们逆光观察时，车窗上的灰尘显得更加明显的视觉感受异曲同工。

阴影中的奥秘

在土星明亮的半球上，可以看到一些黑暗的条纹，这些是特定光环投射下的阴影。从这些阴影的深浅可以判断出，土星的光环并非完全透明。更有趣的是，光环系统中还存在着一些近乎空旷的区域。其中最为宽阔的空隙，便是卡西尼分离带，它是由距离光环系统仅 4 万千米的土星小卫星米玛斯的潮汐力所造成的。

当光环的阴影投射到云层之上时，我们可以观察到右侧出现的巨大行星阴影，仿佛光环系统被巧妙地裁去了一部分。如此清晰的行星阴影，我们在地球上从未有幸目睹过。

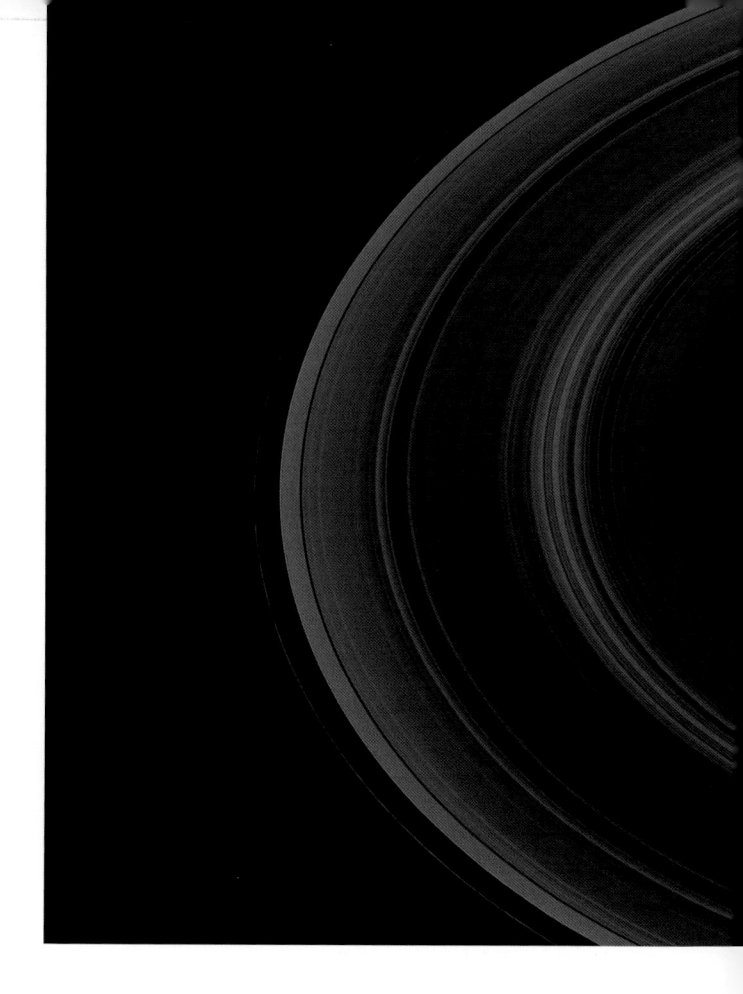

光环系统的下侧被阳光普照，自然比我们观察到的暗面要明亮得多。这也是土星夜半球的下半部分并非全然黑暗的原因。尽管那里的观测者无法直接看到太阳，但高悬于天际的明亮土星光环却熠熠生辉。

这幅精美的照片是由"卡西尼"号（Cassini）探测器在 2007 年 5 月所拍摄的 45 张独立照片精心拼接

▲ 照片来源：NASA/JPL-Caltech/Space Science Institute

而成。在行星球体的左上角，我们还能隐约看到一些云带。与木星的云层相比，这些云带显得更为隐蔽，因为它们隐藏于更深层的大气之中。

惠更斯的神秘字谜

克里斯蒂安·惠更斯（1629—1695）在1656年以别具一格的方式披露了他对土星光环的重大发现。他通过一串表面看似杂乱无章的字母："aaaaaaac-ccccdeeeeeghiiiiiiillllmmnnnnnnnnnooop-pqrrsttttuuuuu"，巧妙地掩藏了他的科学突破。这串字母背后实际上隐藏着一个巧妙的字谜，当被正确解读时，它传达了这样的信息："被一圈薄、平、不接触、倾斜于黄道的光环包围。"这一发现不仅体现了惠更斯的卓越智慧与独运匠心，而且为后来的天文学家们揭开了土星这一神秘行星背后的宇宙之谜，为探索太阳系的奥秘作出了重要贡献。

146

螺旋星系

星系，这些由数十亿颗乃至数千亿颗恒星汇聚而成的天体，形态各异，大小不一。有的星系呈现出对称的美感，其形态犹如猕猴桃或略显扁平的柑橘，我们称之为椭圆星系。另一类星系则显得更为自由奔放，它们形态不规则，结构难以捉摸，这就是不规则星系。然而，在所有星系中，最为引人瞩目的莫过于那些庞大的螺旋星系，例如我们所处的银河系与邻近的仙女座星系。

M74 便是一个典型的螺旋星系，它距离我们大约 3200 万光年，坐落在双鱼座之中。这个星系在 1780 年由法国天文学家皮埃尔·梅尚首次发现。后来，他的同事查尔斯·梅西耶将其编入著名的梅西耶星云目录，列为第 74 号，因此得名 M74。由于其观测难度较大，它也被人们亲切地称为"幽灵星系"。

在这张由韦布太空望远镜的中红外仪器（MIRI）捕捉到的照片里，我们得以看到 M74 星系的中心地带。MIRI 以其对长波长红外辐射的敏锐捕捉能力，向我们展示了源自寒冷尘埃的辐射，这些尘埃在地球上很难被探测到。正因如此，照片中散发光芒的区域，正是尘埃最为浓密的地方。这些尘埃主要集中在星系的螺旋臂中，而新的恒星便在这些尘埃云中孕育而生。

宇宙中的"清洁工"

尽管整个星系中尘埃无处不在，我们却仍能观察到一些洁净无尘埃的圆形区域。这些神秘的"空洞"（照片右下方的那个尤为显眼）实际上是由超新星爆炸形成的，这些超新星代表着重型恒星走到生命终点时的壮丽形态。天文学家们正致力于将韦布太空望远镜所拍摄的照片与其他望远镜的观测图像进行对比分析，以期更全面地揭示恒星诞生、演化和消亡的奥秘。

实际上，此处的"尘埃"与我们日常生活中的尘埃大相径庭。它们由极小的颗粒构成（类似于香烟烟雾中的微粒），主要成分为碳、氧和硅的化合物。而且，这些宇宙尘埃云的密度极低，每立方米的颗粒数量甚至比地球上最先进的实验室真空环境中的颗粒还要少。

奇妙的棒旋星系

除了常见的螺旋星系，宇宙中还存在一种特殊的星系——棒旋星系（Balkspiralen）。这类星系在中心位置拥有一个由老恒星构成的长条状结构，而螺旋臂则从这一中央棒的两端延伸开来，使得整个星系看起来颇似一个花园洒水器。事实上，我们所在的银河系正是一个棒旋星系。然而，关于棒旋星系的形成机制，目前科学界尚无定论。

◀ 照片来源：ESA/Webb/NASA & CSA/J. Lee/PHANGS-JWST Team/Judy Schmidt

从巍峨山脉到辽阔大海

河海交织的三角洲之地

纵观全球,几乎所有的河流都终将汇入广袤的大海,这一自然过程构成了地球上水循环与岩石循环的核心环节。河流入海口,作为一个独特的地理现象,不仅揭示了岩石受侵蚀后形成的沙砾与淤泥的流向,还映射出海平面的变迁、海浪的冲刷力量以及沿海潮汐的动态交互。当这些自然力量达到某种微妙的平衡时,便会孕育出壮丽的三角洲景观。由于地理环境的差异,三角洲也呈现出千姿百态的风貌。

在三角洲区域中,河水的流速会显著减缓,使得水中的沙砾与淤泥得以沉积,河床被逐渐抬高。随着沉积物的不断累积,河水不断寻觅新的低洼通道,从而形成错综复杂的水道网络。最为细腻的沉积物最终会随河水流入大海,在入海口处沉积下来,使海床逐渐抬升,三角洲也由此不断向外扩展。荷兰的西部与西北部,正是这样一个典型的三角洲地带。然而,由于人类长期的河流治理活动,这里的自然演化过程已然受到了深刻的影响。

若潮汐力量在河口占据主导地位,河口便会逐渐演化为漏斗形状,这种特殊地貌被称为河口湾。诸如西斯尔德河、伦敦的泰晤士河以及法国勒阿弗尔的塞纳河口,都是典型的河口湾实例。

领略自然三角洲的原始之美

那些仍然保持着自然原始状态的三角洲,无疑是最具魅力的。俄罗斯北部的列那河(Lena)三角洲便是其中的佼佼者。这里展示的照片由美国陆地卫星7号(Landsat-7)于2000年7月27日拍摄而成。照片融合了红光与红外光图像,使得植被更为突出。值得注意的是,为了研究需要,照片采用了"假色"呈现,这并非真实的自然色彩,而是科学研究中的一种常用技巧,旨在更好地凸显地理结构与细节。

列那河三角洲广袤无垠,覆盖面积达到约4.5万平方千米,甚至超越了荷兰的整个国土面积。身为俄罗斯规模最大的自然保护区,它不仅是3条主要河流的交汇之地,更汇聚了无数支流、海湾、岛屿与沼泽,构成了一个错综复杂的自然水系。在这片不受人为干预的自由天地里,地形地貌持续不断地演变着,孕育出了极为丰富的生物多样性。这里不仅生长着种类繁多的苔原植物,还是众多鸟类、鱼类以及陆地和海洋哺乳动物的栖息地。

揭秘三角洲之名的由来

"三角洲"这一名称,源于希腊字母 Δ(delta)所代表的三角形形状。这一名称的灵感,正是来源于世界上最著名的三角洲之一——埃及尼罗河三角洲。

▶ 照片来源:美国地质调查局/NASA

149

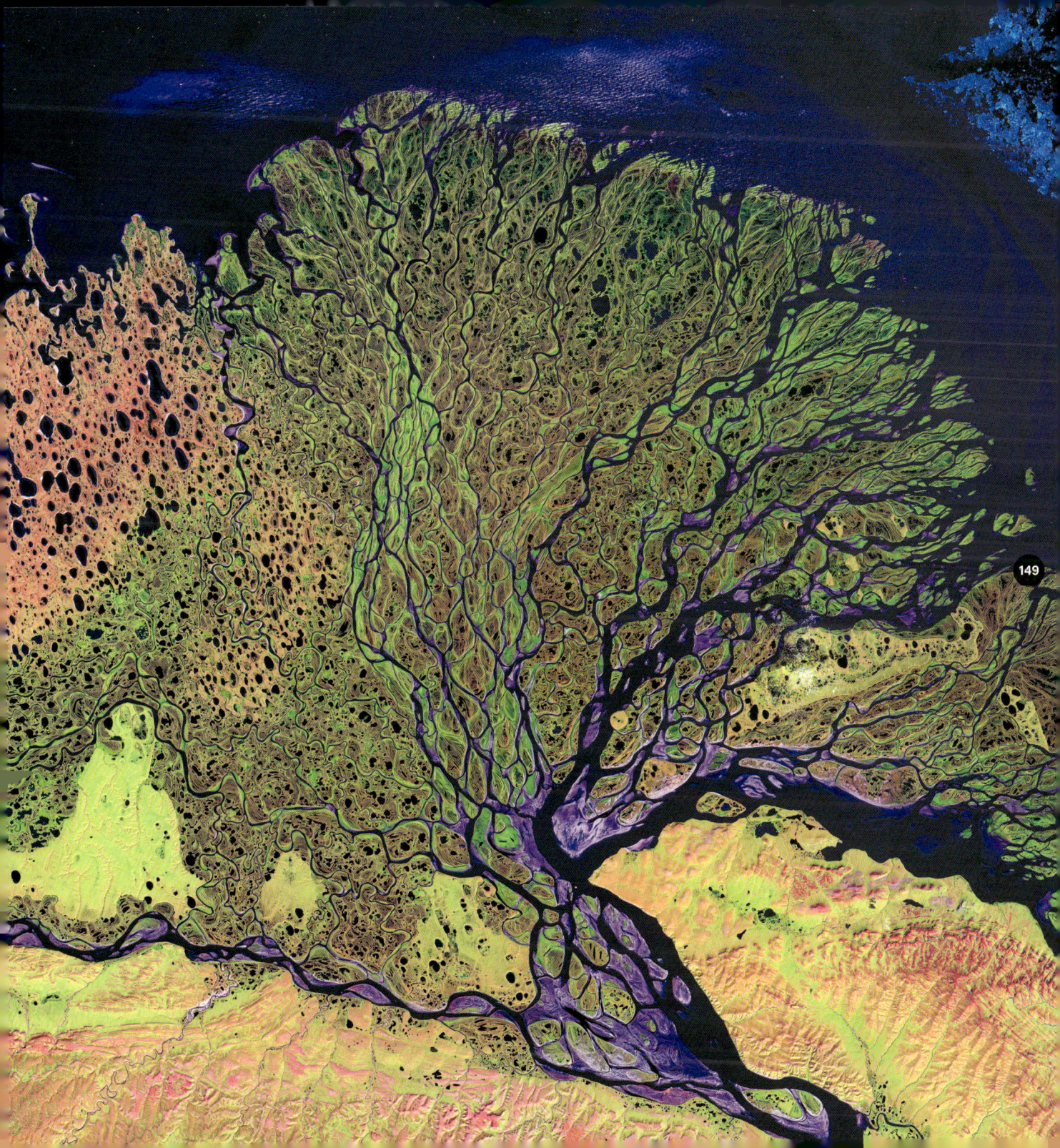

150

地球之肺消失了吗？

被砍伐的热带雨林

当我们提及南美洲亚马孙地带的热带雨林，心中总会浮现那无尽的绿意与参天大树。然而，这片生机盎然的森林正面临着严峻的砍伐问题。在一张由法国宇航员托马斯·佩斯凯于2021年5月8日从太空拍摄的照片中，我们可以清晰地看到，沿着巴西国道RO-420，在皮克西德尼吉罗和新马莫尔之间，一片原始森林正在被砍伐。这条公路位于罗纳尔多州，紧邻巴西与玻利维亚的边境。由于当地空气湿度持续处于高位，照片上隐约可见一层淡淡的薄雾，仿佛为这片正在消失的森林蒙上了一层哀伤的面纱。

亚马孙雨林，作为亚马孙盆地的一部分，其面积几乎相当于印度的2倍，且大部分区域位于巴西境内。然而，值得一提的是，并非亚马孙盆地的所有地方都被茂密的雨林所覆盖。举例来说，苏里南的斯帕利维尼（Sipaliwini）地区和巴西境内更为人们所熟知的塞拉多地区，就属于相对干燥的地带，与雨林的湿润环境形成鲜明对比。

自20世纪70年代初人们开始用卫星进行观测以来，亚马孙盆地的森林覆盖面积已经缩减了超过1/6。更为严重的是，许多地区的森林质量也在显著下降，这无疑对生物多样性以及原住民的生存环境构成了巨大威胁。这片广袤的雨林是众多珍稀植物和动物的家园，其中许多物种在世界其他地方都难以寻觅。当森林被砍伐后，残留的植被往往会被焚烧，农民们在收获后也会焚烧田间的枯叶。这种做法导致大片地区在焚烧时被烟雾笼罩，空气质量因此急剧下降，有时甚至会持续数周之久。

维持氧气平衡

面对如此严峻的森林砍伐和焚烧现象，人们或许会担忧：这是否意味着我们正在摧毁世界的"肺"？答案并非如此。植物和树木通过光合作用产生氧气，而当它们凋零时，其残骸会被昆虫和细菌分解。这些微小的分解者在分解过程中会消耗空气中的氧气。事实上，植物和树木所产出的氧气量与这些小生物所消耗的氧气量大体相当。我们大气中氧气的真正源泉，其实是海洋表层下的藻类和其他微生物。它们通过光合作用产生氧气并释放到大气中，而当这些微生物死亡后，它们会沉入无氧的深海之中，由于那里没有分解作用，因此不会消耗氧气。这样一来，这些微生物所产生的氧气便能得以保存。这些微生物所产出的氧气量之大，令人惊叹——即使将地球上的所有有机物质都焚烧殆尽，所消耗的氧气量也不到其总量的1%。

卫星监测

鉴于亚马孙盆地的辽阔和难以涉足的特性，科学家们主要依赖卫星技术来深入开展研究。美国的陆地卫星（Landsat）计划已经稳健运行了50余年，每2周便会对该区域进行一次全面的影像捕捉。除此之外，还有专门设计用于监测火点、土壤状况以及植物干旱压力的卫星，这些高科技手段共同助力我们更好地了解和保护这片珍贵的雨林。

◀ 照片来源：NASA/ESA/托马斯·佩斯凯（ISS065-E-30061）

构成行星的原始物质

大约45亿年前,像地球这样宏伟壮丽的行星,是由众多小型天体经过长时间逐渐融合形成的。这些被称为行星胚胎的物体,是由岩石和金属混合而成的多孔物质,每个大小通常不超过1千米。特别值得一提的是,在火星与木星之间,至今仍有许多这样的宇宙岩石块在漂浮,它们不停地绕着太阳旋转,构成了著名的小行星带。

这张充满神秘感的照片,展示的便是小行星"龙宫"(Ruygu)的部分表面景象。2018年6月,日本的无人探测器"隼鸟"2号勇敢地探访了龙宫小行星。它携带的4个小型着陆器中,有一个被昵称为"吉祥物"的勇敢小家伙,在"龙宫"的阴暗面着陆,并利用其灯光设备为我们捕捉到了这张珍贵的照片。

仅仅过了半年多的时光,于2019年2月,"隼鸟"2号探测器便轻盈地踏上了神秘的龙宫小行星。它巧妙地运用了一种类似魔法吸尘器的设备,轻松捕获了超过5克的行星表面物质。这些珍珠般珍贵的样本,在2020年12月被小心翼翼地带回地球,交到了科学家们的手中。他们将对这些样本进行深入探索,逐步揭开构成行星原始物质的神秘面纱。

飞行的砂石堆

龙宫小行星,这颗直到1999年才被发现的天体,每1.3年就会环绕太阳一周。其轨道呈椭圆形,有时会和地球的运行轨道产生交集。在未知的未来,这颗直径约900米的天体,甚至存在与地球发生碰撞的风险。

但更令人惊愕的是,龙宫并非一块坚不可摧的巨石。相反,它由众多独立的岩石块在相互引力的牵引下松散地拼凑而成。据推测,龙宫内部竟有一半是空旷无物的,这种别具一格的构造被生动地喻为"飞行的砂石堆"。从公布的照片中,我们可以清晰地看到,各岩石块之间似乎并未紧密相连,这无疑进一步印证了小行星也是由更微小的碎片逐渐聚集而成的。回过头来再看我们赖以生存的地球,它在诞生之初,也是从一粒粒微小的尘埃开始,逐渐汇聚成一个庞大的星球。

在研究神秘龙宫的同时,美国的探测器奥西里斯-雷克斯(Osiris-rex)也踏上了探索另一颗小行星贝努(Bennu)的征程。尽管贝努的大小仅为龙宫的一半,但其构造却与"飞行的砂石堆"颇为相似。贝努以其独特的双锥形态呈现于世,这一奇特形状正是由其迅猛的自转和离心力的共同作用精心雕琢而成。

传说中的水下宫殿

最初,小行星162173号被选定为"隼鸟"2号的探索目标时,人们为它取了一个富有诗意的名字——龙宫。这个名字源自日本古老的民间传说,讲述了一个神秘的水下宫殿。传说中,曾有一位渔夫有幸造访了这座宫殿,并带回了一份珍贵的礼物。这与"隼鸟"2号的太空使命不谋而合,因为它也为我们带回了龙宫的宝贵样本。

▶ 照片来源:MASCOTT/DLR/JAXA

153

154

天空中的夜光云

流星尘埃

若要在我们所处的地理纬度上,挑选最迷人的自然现象,夜光云无疑会跻身前列。这种云朵大约每年5月末至8月中旬现身,但其确切出现的时机却总是飘忽不定,令人难以捉摸。它们往往在6月中旬至7月中旬这段时间最为活跃。你知道吗?夜光云的美丽,其实是由流星尘埃编织而成的。这些尘埃粒子细如微尘,直径往往不超过1/100毫米,主要由铁、镁和硅等元素构成。

这些尘埃在位于80~85千米高空的中间层轻轻飘浮。那里的温度极低,使得稀薄的水蒸气得以在这些尘埃上凝结成一层晶莹的冰壳。正是这层冰壳,赋予了这些微粒神奇的反射能力,让它们能够在阳光的照耀下熠熠生辉。它们常以美丽的白蓝色或银色呈现,宛如夜空中闪烁的宝石,令人陶醉。

说起来,中间层可谓是地球上最寒冷的区域,人类曾测得中间层的最低气温竟达 –183°C,比南极洲还要低近100°C!令人讶异的是,中间层在炎炎夏日里反而最为寒冷。这也正是我们在夏季得以观赏到夜光云的两大缘由之一,因为此时,那里冻结的水分最为丰富。另一个原因则在于,夏季时,虽然太阳在这个高度上永不落山,但地面却会经历数小时的黑暗。在这幽暗的黄昏天幕下,夜光云便显得格外醒目。不过,值得注意的是,在更偏北的地域,比如斯堪的纳维亚的大部分区域,夜光云即便在高空绽放,也往往难以被人们观察到,因为那里的夜晚并不够黑暗。

夜光云的更多故事

关于夜光云,还有一段鲜为人知的历史。首次有正式记录的夜光云目击事件发生在1885年。而近年来,人们不仅越来越频繁地目击到夜光云,还发现它们的亮度有所增加,并且开始出现在比以往更偏南的地方。研究人员推测,这一现象或许与全球气候变暖息息相关。一方面,气候变暖导致中间层变得更加寒冷;另一方面,随着更多甲烷气体的释放,通过氧化过程产生了更多的水蒸气,这些水蒸气随后进入中间层。也有理论猜测,近年来火箭发射的频繁活动可能将更多的水蒸气带到了这一高度。

在这张照片中,我们可以欣赏到东西伯利亚堪察加半岛以北地区的夜光云美景,它是由宇航员杰夫·威廉姆斯(Jeff Williams)在2016年7月16日拍摄到的。

夜光云与卷云的区别

夜光云在某些角度下与卷云颇为相似。然而,细心观察便会发现,夜光云移动的速度更为缓慢,且总是自东向西缓缓行进。若用望远镜仔细观察,其内部结构清晰可见,而普通的卷云在望远镜中则显得较为模糊。

◀ 照片来源:NASA/ 杰夫·威廉姆斯(ISS048-E-27529)

铁锈大陆

澳大利亚，这片辽阔无垠的大陆，以它千变万化的地形地貌吸引着全球的目光。在这片广袤的大地上，棕色、红色和橙色的土壤交织成一幅五光十色的画卷，让人目不暇接。湖泊如繁星般点缀在这片土地上，它们多数时候静谧而干燥，仿佛在等待着什么。只有当罕见的强降雨来临时，这些湖泊才会短暂地充盈起来，变得波光粼粼，生机勃勃。而在平日里，那些干涸的湖泊则呈现出白色或浅灰色的宁静，犹如一幅幅静态的画卷。若从空中俯瞰，这一片片色彩斑斓的景象，宛如澳大利亚原住民手中的艺术杰作，因此我们将其称为"原住民艺术"的再现。

澳大利亚的原住民被称作阿博里吉尼和托雷斯海峡岛民（Aboriginals en Straat Torres-eilanders）。据考古研究显示，大约在5万年前，他们的祖先通过冰河时期的陆地桥梁，从东南亚迁徙至此，定居在这片如今被称为澳大利亚的土地上。

右侧照片展示的是壮丽的麦克唐纳湖（Lake Macdonald），它在当地的品图比（Pintupi）语言中拥有一个美丽的名字——卡库鲁提亚（Karrkurutinyja），寓意深远而神秘。这张照片由最先进的欧洲卫星"哨兵"2号A于2022年5月14日拍摄，展现了湖泊的绝美风光。麦克唐纳湖坐落于澳大利亚的内陆深处，地理位置独特，正处于西澳大利亚州与北领地的交汇之地，是一处自然与人文交汇的奇妙景观。

氧化铁

当我们从太空俯瞰，澳大利亚的红色基调在地球众多色彩中显得尤为抢眼。这一显著特征的形成，源于这片古老大陆似乎被时间"锈蚀"的独特现象。简而言之，地表的岩石与矿物在漫长的岁月中，受自然力量的侵蚀而逐渐分解，这一过程被称作风化。在澳大利亚炎热而干燥的气候条件下，化学风化作用表现得尤为突出。由于这里的岩石富含铁质，铁在氧化的过程中会逐渐转化为铁锈，加速岩石的分解，最终化作红色的沙砾与尘埃。得益于澳大利亚地质的长期稳定，这些红色的微粒得以历经数百万年的积淀。然而，这种色彩的丰富却往往意味着土壤的贫瘠与养分的匮乏，导致植被稀疏，从而更凸显了这片红色土地的苍茫与辽阔。

干湖注水

在2023年的岁末，台风埃莉的余威为西澳大利亚州北部和北领地带来了丰沛的降雨。2023年1月11日，随着云层的散去，卫星图像清晰地显示出，这一带的干涸湖泊都已被雨水填满，麦克唐纳湖也重现了生机。然而，遗憾的是，这些湖水并不会长久留存，很快就会随着蒸发逐渐消逝。

▶ 照片来源：ESA/Copernicus/Sentinel 2A

157

158

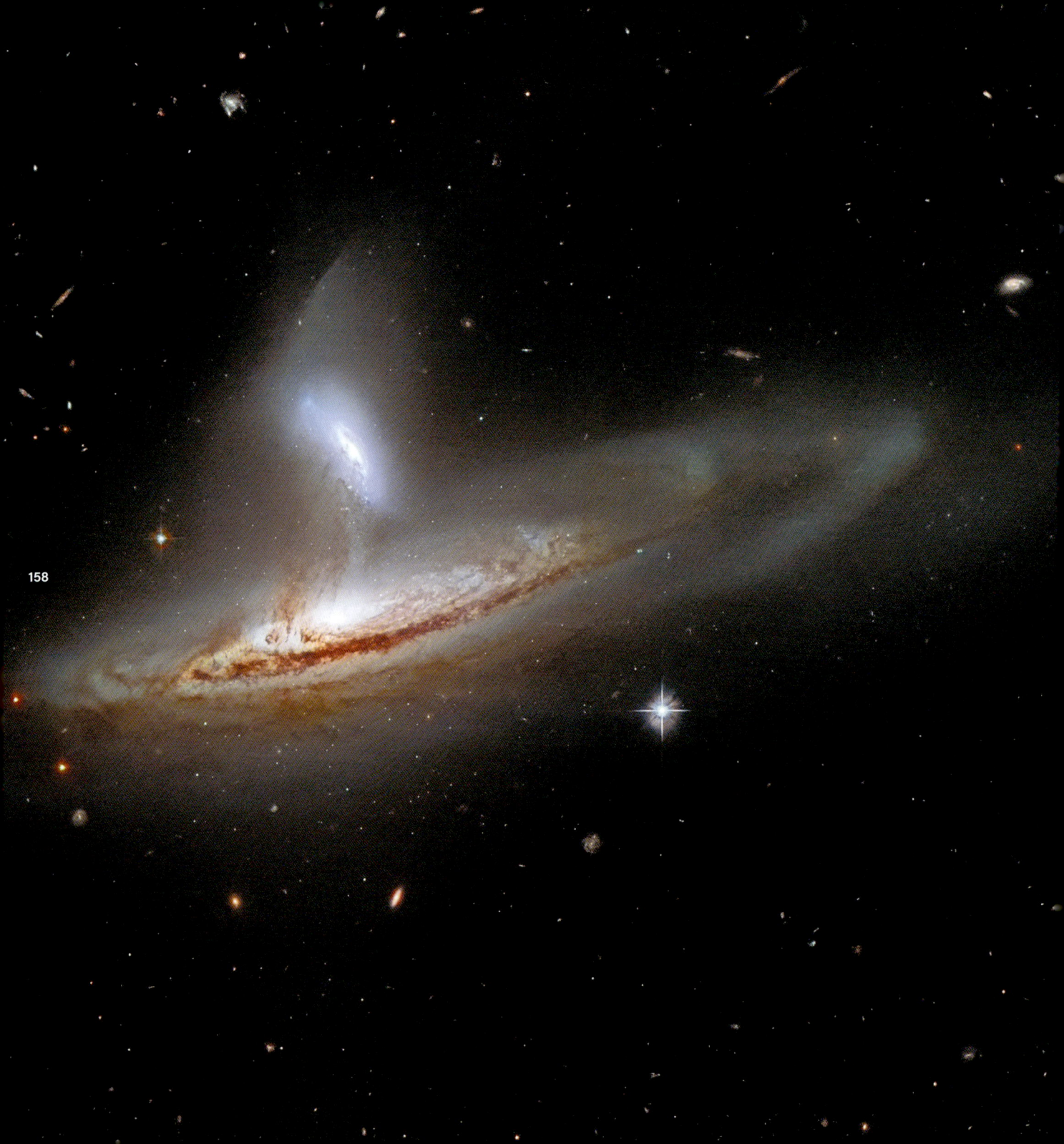

宇宙星雨

宇宙的精彩瞬间

宇宙的时钟以它独有的节奏缓慢前行。在浩渺的太阳系中，我们偶尔能目睹一些变化，如木星表面新风暴的肆虐，或是月球上陨石撞击的痕迹。然而，当我们仰望星空，遥远的星系仿佛被定格在了一幅静止的宇宙画卷中。尽管宇宙中不断上演着雄伟壮观的事件，但我们短暂的生命和快速的生活节奏，使我们无法逐一见证它们。我们所能捕捉的，仅仅是宇宙浩瀚时空中的一个瞬间。

幸运的是，哈勃太空望远镜为我们捕捉到了这样一个令人叹为观止的瞬间。在这张珍贵的照片中，两个星系在引力的作用下相互靠近，仿佛跳起了一场宇宙的华尔兹。较小的星系似乎已经从较大的星系中穿越而过，二者在相互的潮汐力作用下发生了形变，形成了一条由气体、尘埃和恒星组成的璀璨"星桥"，将两个星系紧密相连。如果时间能够加速流转，我们将会看到一场更加壮观的舞蹈，物质在星系间自由流淌，如同星河中的瀑布一样壮丽。最终，小星系可能会在大星系的引力作用下解体，二者融为一体，共同谱写宇宙的传奇。

然而，这种宇宙现象需要历经数千万年的时光才能完成。天文学家们只能根据当前的观测数据，努力回溯过往进而预见未来。幸运的是，宇宙中存在着无数类似的星系互动场景，它们处于不同的演化阶段，为我们提供了丰富的观测样本。正因如此，我们对星系间可能发生的各种相互作用有了更为深入的理解，从短暂的相遇到紧密的融合，每一个瞬间都充满了神秘色彩。

异类星系

在探讨这些令人惊奇的星系交互作用时，我们必须提及美国天文学家霍尔顿·阿尔普（Halton Arp）的非凡贡献。他在 1966 年推出的《奇特星系图集》（*Atlas of Peculiar Galaxies*）为星系相互作用的研究领域打下了深厚的基础。该书精心呈现了 338 张形态各异的星系照片，从扭曲的螺旋星系到引人注目的双星系，再到延伸的"潮汐尾巴"和似乎正在融合的星系等宇宙奇景，无不令人叹为观止。特别是 NGC 169 和 IC 1559 两个星系，被阿尔普命名为 Arp 282 的独特配对星系，已成为天文学家们深入研究的珍贵素材。

然而，尽管这些相互作用的星系充满了无尽的魅力，但它们往往离我们极为遥远。这主要是因为星系间的相互作用相当罕见，在我们的宇宙近邻中，这样的相遇几乎不太可能发生。以 Arp 282 为例，它与我们相隔超过两亿光年，唯有借助像哈勃这样的大型且灵敏度极高的望远镜，我们才有可能揭开它神秘的面纱。

特立独行的天文学家

霍尔顿·阿尔普（1927—2013），这位杰出的天文学家，在加利福尼亚蜚声国际的帕洛玛天文台铸就了他辉煌的科研之路。尽管与众多天文学泰斗有着紧密的学术往来，他却始终保持着独树一帜的学术见解。阿尔普坚定地认为小星系是由大星系喷射而出形成的，这一理论在当时颇具争议。同时，他对普遍接受的宇宙距离测定结果提出了质疑，展现了他不畏权威、勇于探索的科学精神。更难能可贵的是，他敢于对大爆炸理论等主流宇宙起源观点提出异议。正是这位天文学家的独立思考和不断挑战的勇气，才为我们揭开了宇宙一层又一层的神秘面纱。

◀ 照片来源：ESA/Hubble & NASA/J. Dalcanton/Dark Energy Survey/DOE/FNAL/DECam/CTIO/NOIRLab/NSF/AURA/SDSS/J. Schmidt

冰冷的世界

如果置身于冥王星之上，埃德蒙·希拉里爵士（Sir Edmund Hillary）或许会感受到一种莫名的归属感，仿佛回到了他熟悉的挑战与探险的世界。这颗遥远的矮行星，以其冰封的地表环境，呈现出比 1953 年希拉里爵士与夏尔巴向导丹增·诺尔盖（Tenzing Norgay）首次征服的珠穆朗玛峰更为严酷的面貌。冥王星上的温度低至零下 235℃，而其气压更是不到地球海平面气压的千分之一，这样的极端环境无疑昭示着这片星域的荒凉与孤寂，同时也彰显出探险家们无畏挑战的勇气与决心。

在这张由美国"新视野"号探测器于 2015 年 6 月精心拍摄的照片中，我们可以清楚地观察到左下角那略显破碎的山脊——为了纪念伟大的新西兰登山家埃德蒙·希拉里爵士，它被赋予了希拉里山脉的名称。当我们向南望去，诺尔盖山脉（Norgay Montes）也安详地横卧在视野之中。这张照片是"新视野"号在经历了长达九年半的星际旅程后，在它靠近冥王星时所捕捉到的珍贵瞬间。它不仅展示了冥王星独特的地理风貌，也象征着人类探索宇宙的无尽好奇与决心。

冥王星的山脉与阿尔卑斯山、喜马拉雅山等岩石构成的山脉截然不同，它们是由冰组成的。虽然只是普通的冻结水，但在冥王星的超低温环境下，这些冰具备了极高的硬度。值得一提的是，这里距离太阳有数十亿千米之遥，与南极洲和格陵兰岛上的缓缓流动的冰川相比，冥王星上的冰川静止不动，更别提冰川运动了。

氮气冰川

令人惊奇的是，冥王星上确实存在着冰川，但它们并非由我们熟知的水冰构成，而是由冻结的氮气形成。在冥王星特有的低温条件下，氮冰展现出了相对柔软的特性。在希拉里山脉的左侧，我们便能观察到这种由冻结氮气塑造出的流动纹理——氮冰川。将视线转向山脊的东侧（照片的右侧），一片辽阔的平原展现在眼前，这便是被称为斯普特尼克平原（Sputnik Planitia）的地方。其命名灵感来源于人类历史上的第一颗人造卫星，象征着人类科技的飞跃与对未知的渴望。斯普特尼克平原广袤无垠，绵延达 1 050 千米×800 千米之广（需注意的是，照片所展示的仅是这片壮丽景观的不到一半）。平原上布满了醒目的多边形图案，这些多边形的平均尺寸大约为 30 千米，构成了一幅独特的地理画卷。而在这些多边形之间的深邃"槽沟"中，我们还可以观察到许多色泽较深的冻结水冰块，它们静静地躺在那里。

这些多边形结构的形成，可能是由于地表下非常缓慢的对流运动导致的，这种运动可以类比为沸腾的粥。在这个过程中，氮冰以每年几厘米的速度缓缓移动。正因如此，斯普特尼克平原的地表相对年轻，其年龄最多不超过 20 万年。这也解释了为什么在斯普特尼克平原上我们找不到撞击坑的痕迹，而在冥王星的其他区域，比如照片的左下角，却能够清晰地看到撞击痕迹。

> **冥王星地位的变迁**
>
> 冥王星自 1930 年被发现以来，最初被认为是太阳系的第 9 颗行星。然而，随着 20 世纪末天文学家在海王星轨道之外发现了越来越多类似的小型冰冻矮行星，冥王星的地位开始受到质疑。最终，在 2006 年，国际天文学联合会做出决定，冥王星不再被列为"正式"的行星，而是被重新定义为太阳系中最大的矮行星。这一变化不仅反映了我们对太阳系认知的深化，也揭示了天文学领域不断发展和进步的本质。

▶ 照片来源：NASA/Johns Hopkins University Applied Physics Laboratory/ 美国西南研究院（Southwest Research Institute）

161

162

恒星的终章

万物皆有终结，恒星亦不例外。大质量恒星或许会以惊天动地的超新星爆炸画上句号，而那些较小的恒星，则会选择一种更为温和的方式走完它们的生命旅程。当这些恒星核心的氢燃料耗尽，它们会首先膨胀为庞大的红巨星，随后逐渐收缩，变成缓慢冷却的白矮星。在红巨星这一阶段，恒星会丧失大量的质量：它们的外层会逐渐流失进太空，进而形成一个由气体和尘埃组成的缓慢膨胀的壳层。这个壳层平均可见时间约为1万年，之后便会慢慢消散得无影无踪。

早先，英国著名天文学家威廉·赫歇尔（William Herschel）（天王星的发现者）曾通过望远镜观测到这些云雾状的物体，它们外表看起来像是小而昏暗的行星盘。赫歇尔将这些观测到的现象命名为行星状星云，尽管这些膨胀的气体云与行星本身并无直接的联系，但"行星状星云"这一名称依然在天文学中广泛使用，成了一个专有名词，这无疑是对其命名者威廉·赫歇尔的一种深深致敬。

南环星云（Zuidelijke Ringnevel）便是一个典型的行星状星云实例。它距离我们约2500光年，被选为韦布太空望远镜的首批观测对象之一。从照片中，我们可以清晰地观测到星云中温暖尘埃与冷却气体所散发的红外辐射，宛如一幅绚丽的宇宙画卷。更令人惊奇的是，星云质量的损失并非一蹴而就，而是分阶段逐步发生的，这一过程通过几个同心结构的出现得以生动展现。

双星系统

或许你会误以为星云中央的亮星是这一切壮丽物质的诞生之源，但真相并非如此。实际上，塑造这个星云的物质是由一颗相对黯淡的小星所喷发出的。这颗小星在亮星的左下方隐约可见，若不细心观察，恐怕会错过它的存在。这两颗星彼此相依，构成了一个双星系统。在这个系统中，质量较大的那颗星已经耗尽了它的生命之火，率先走完了宇宙之旅。而随着时间的推移，它的伴星也终将步入相同的命运。在未来的某个时刻，这颗伴星会膨胀成为一颗红巨星，随后也会孕育出属于自己的行星状星云，继续在宇宙的广袤舞台上绽放光彩。

南环星云所展现的略微不对称形态，其成因部分可归结为双星系统中第二颗星所产生的引力影响。然而，另一个不可忽视的因素是周围空间中稀薄气体的分布不均。这种不均匀导致了星云物质在某些方向上更易流动，从而塑造了星云的独特形态。

引人遐想的是，大约在50亿年后，我们的太阳也将迎来类似的壮丽转变。在生命的末期，太阳将以五彩斑斓的行星状星云作为它的终章，这是其壮丽生命旅程的最后一次绽放。随后，太阳将逐渐收缩，蜕变成为一颗不起眼的白矮星。在经历数十亿年的沉寂岁月后，它最终将完全冷却、熄灭，化为宇宙中的一粒尘埃。

◀ 照片来源：NASA/ESA/CSA/STScI/Webb ERO Production Team

地球的未来

我们的太阳已经持续燃烧了46亿年之久，而据科学预测，它还将继续照耀我们大约50亿年。然而，值得注意的是，太阳从很久以前就已经开始逐渐变得更加明亮。因此，我们可以预见，在大约10亿年后，地球上的温度将会急剧上升，达到一个极高的水平，以至于海洋将会被彻底蒸发，生命将无法在这片土地上存活。而当太阳最终膨胀成为一颗红巨星时，地球将面临更加严峻的命运。它将被高温彻底烤焦，甚至有可能被太阳所吞噬，消失在茫茫宇宙中。

旋风伊恩的肆虐

2022年9月28日和29日，一场名为伊恩（Ian）的旋风席卷了美国佛罗里达州。它从佛罗里达州中部的西南方向东北方猛烈推进，给该州带来了前所未有的灾难。据统计，伊恩造成的经济损失超过500亿美元，成为佛罗里达州历史上破坏力最强的旋风灾难。一张由美国宇航员鲍勃·海因斯于2022年10月3日拍摄的照片，清晰地记录了这一惊心动魄的场景。佛罗里达州位于画面中央，而强大的伊恩正在其上方肆虐。

伊恩的起源可以追溯到9月14日，当时它仅是一个包含雨云和雷暴的区域，从非洲西海岸进入大西洋。在海上，这个雨云系统逐渐减弱，并随着东北风横渡大西洋，于9月21日抵达加勒比海地区。在这片温暖的海域，雨云逐渐转化为热带低气压，并在墨西哥湾的暖水中不断增强，最终发展成威力巨大的旋风。它以每小时250千米的惊人风速猛烈袭击了佛罗里达州。尽管登陆后其强度有所减弱，但在佛罗里达东海岸附近的海洋上空曾短暂恢复威力，随后沿着美国东南海岸一路北上，最终在北方演变成一个普通的低气压系统。

伊恩的形成与演变的轨迹，实际上是大西洋夏季和初秋时节所生成的旋风的经典范例。这类旋风往往会在美国的东海岸或墨西哥湾沿岸登陆，带来显著的气候影响。它们从温暖的海域中汲取生命力，在海水温度达到或超过27°C时，方能孕育出这些强大的旋风。然而，旋风的出现频次、威力以及最终消逝的地点，都如同天气一般变幻莫测，充满了不可预知性。

翻动的海底

尽管电视报道往往聚焦于旋风带来的狂风肆虐，但事实上，旋风所引发的巨大破坏，更多地源于随之而来的倾盆大雨所引发的洪水。在佛罗里达州，部分地区降雨量惊人地达到了500毫米，从而导致了严重的洪涝灾害。与此同时，巨大的海浪和沿海水位的急剧上升，也进一步加剧了洪水的破坏性。在照片的左下角，我们可以清晰地看到佛罗里达州西南海岸附近的海水颜色明显变浅。这是由于风暴激烈地搅动了富含钙质的泥沙，导致海水变得浑浊。值得庆幸的是，这种异常现象在风暴过后的短短一周内便逐渐消散。此外，沿海岸边还可以观察到一些深色的水流汇聚成"团块"，这些实际上是从陆地倾泻入海的大量雨水所形成的羽流，它们像一条条深色的丝带，在海面上蜿蜒流淌。

名称的差异

在不同地区，人们对旋风的称呼也各不相同。在大西洋和墨西哥湾上空的旋风被称为"飓风"，在印度洋上空形成的则被称为"气旋"，而在西太平洋地区则习惯称之为"台风"。如今，随着人类建筑物的增加，旋风造成的破坏比以往任何时候都要严重，损失也更为惨重。

▶ 照片来源：NASA/BobHines（ISS068-E-8009）

165

166

建设中的马斯维拉克特

中国长城，这条蜿蜒曲折跨越 21 000 多千米、宽 5 米、部分地段宽达 8 米的雄伟建筑，被誉为世界的奇迹。然而，随着时间的流逝，长城的部分地段已显露出岁月的痕迹，甚至有些部分已破损倒塌。长久以来，有一个广为流传的说法，认为长城是从太空唯一可见的人造建筑。然而，这一说法并不准确。宇航员从国际空间站的观察经验告诉我们，虽然长城的确可以在太空中被观察到，但这需要对长城的具体位置有精确的了解。与此相比，荷兰那清晰的海岸线和坚固的沿海建筑、堤坝，以及波斯湾沿岸的宏伟人工岛，在太空中反而更容易被辨识。事实上，全球各地的大型建筑物，如繁忙的港口、现代化的机场、纵横交错的运河和巍峨的大坝，都能从太空的视角下被一窥全貌。

自 2000 年以来，国际空间站就有人类持续居住，宇航员们从那时开始定期记录地球上的重大建设项目。其中，马斯维拉克特 2 号（常被称为第二马斯维拉克特，坐落于鹿特丹港）的建设过程就被完整地记录了下来。该项目的建设起点可以追溯到 2006 年 3 月 15 日，当时工程尚未启动，而实质性的建设活动则于 2008 年 9 月 1 日正式展开。至 2009 年 10 月 15 日，宇航员拍摄的照片已经能够展现出工地上的繁忙景象，特别是在照片的中间偏右下方，可以清晰地看到新水道（Nieuwe Waterweg）上的马斯兰特防护屏，它在正常情况下是保持开启状态的。随着工程的推进，到了 2010 年 4 月 6 日，建设现场再次被记录下来。最终，在 2013 年 5 月 22 日，第二马斯维拉克特顺利完工并投入使用。而在 2013 年 7 月 19 日的照片中，我们甚至可以看到项目周边的其他设施，比如照片顶部的白色方块，那是韦斯特兰（Westland）的温室；沿海上方则显现出了三角洲动态沙丘（Zandmotor DeltaDuin）——这是一个始于 2011 年的实验项目，旨在探索利用自然水流（从西南流向东北）和风力来输送沙子，以此保护和加固海岸线。实践证明，这种创新方法是行之有效的。

计算油轮的数量

在这些珍贵的太空照片中，宇航员使用普通相机就能清晰地拍摄到储油罐和停靠船只的细节，有时甚至能够大致估算出海运集装箱的数量。这些照片的拍摄焦距为 400 或 800 毫米，而拍摄高度则达到了 400 千米。

> **马斯维拉克特 2 号项目和化妆品**
>
> 马斯维拉克特 2 号项目耗资高达 29 亿欧元，但项目花销始终控制在预算之内。有趣的是，2021 年荷兰人在化妆品和个人护理方面的消费额也恰好是这个数字。

▼ 照片来源：NASA（ISS012-E-25193，ISS021-E-6769，ISS023-E-22019 和 ISS036-E-21262）

鹰状星云的辐射蒸发

当你凝视这片浩渺的宇宙尘埃云时，可能会联想到一只雄鹰，它雄壮的利爪正威武地伸展开来。然而，这些尘埃云更为人们所熟知的名字是"创生之柱"。自 1995 年起，这一称谓便开始在人们口中流传，那时哈勃太空望远镜以前所未有的精细度，成功捕捉到了这些壮丽宇宙结构的影像。尽管已经过去了 1/4 个世纪，但哈勃所拍摄的"创生之柱"照片，依旧在天文学领域中独领风骚，成为一张标志性的图像，不断激发着人们对宇宙奥秘的无限好奇与探索欲望。

在韦布太空望远镜两次拍摄并合成的这张照片中，相对寒冷的尘埃柱以灰度形式展现了中红外辐射的样貌，而背景中温暖的气体则被染上了橙色的光辉。在较长的近红外波长上，繁星点点的光芒更是清晰可见。

"创生之柱"这一名称源于其内部正在诞生的新恒星。我们所目睹的景象，实际上位于距离地球 6500 光年之外的蛇夫座内，那里是鹰状星云的心脏地带。在这片辽阔的恒星孵化场中，画面的右上方视野之外，已有无数炽热而耀眼的恒星挣脱尘埃的束缚，闪烁光芒。这些年轻的恒星释放出的高能辐射，正在消融画面中的尘埃云团。在辐射的侵蚀下，密度较高的区域因抵抗能力较强，侵蚀速度相对较慢，从而逐渐塑造出这些排列有序的独特"柱子"形态。这一现象与地球上某些独特地貌的形成机制不谋而合。例如，美国布莱斯峡谷中矗立的岩柱和土耳其卡帕多西亚地区奇特的蘑菇状砂岩构造，都是因为周围较软的岩石在侵蚀作用下更快地消逝，最终留下了坚硬的核心部分。

辐射蒸发

在天文学领域，这一过程被称作"辐射蒸发"，是恒星形成区域的常见现象。随着尘埃的逐渐消散，"象鼻"的末端会逐渐显露出藏匿于其中的原恒星。仔细观察，你会发现，在上方柱子的右侧，一颗明亮的蓝白色恒星左上方，就有一颗这样的原恒星，它静静地坐落在一片细小的尘埃带顶端。

但请注意，不要被这些柱子的视觉尺寸所误导：它们的实际长度大约有 5 光年，比我们太阳与最近恒星间的距离还要稍大一些。

此外，中央柱子的末端，一抹亮红色的区域特别吸引眼球，它就像一条流淌的熔岩，散发着炽热的光芒。这实际上是隐藏在其中的原恒星爆发时所加热的气体释放的近红外辐射。值得一提的是，这些原恒星的存在时间极短，仅有几十万年的时间。

永不疲倦的哈勃望远镜

尽管韦布太空望远镜常被视为哈勃太空望远镜的继承者，但在我们撰写此文时，哈勃望远镜依旧在太空中勤勉地工作。自 1990 年发射升空以来，它在天文学的各个领域都取得了颠覆性的进展。

▶ 照片来源：NASA/ESA/CSA/STScI/J. DePasquale/A. Pagan/A.M. Koekemoer

169

170

宇宙中的一粒尘埃

在这张由美国"旅行者"1号探测器拍摄的历史性照片中，我们的家园行星——地球，仅仅占据了一个像素的大小。它就像是一个渺小的蓝点，在浩渺的阳光中孤独地漂浮。当你仔细凝视这张照片时，会深深感受到自身的渺小与微不足道。

这种深刻的感受，正是行星科学家兼作家卡尔·萨根（Carl Sagan, 1934—1996）所期望传达的。在"旅行者"1号的摄像机即将永久关闭之前，他恳请NASA拍下了这张具有深意的照片。

"旅行者"1号的旅程始于1977年9月5日。在随后的探索中，它于1979年3月近距离飞越了木星，又在一年半后的1980年11月掠过了土星。之后，这个探测器以大约三十度的角度，毅然飞向了太阳系的边缘，踏上了茫茫宇宙的征程。

60亿千米

在1990年的情人节，即2月14日，一张名为"暗淡蓝点"的照片应运而生。这张照片是当天所拍摄的60张照片中的佳作之一。这组珍贵的影像不仅捕捉到了地球的倩影，还记录了金星、木星、土星、天王星和海王星的风采。然而，在浩瀚无垠的宇宙中，它们也仅仅呈现为5个微小的光点。在拍摄这张照片时，"旅行者"1号探测器已经远离地球达60亿千米之遥，其传回的无线电信号需要历经5个半小时的漫长旅程才能抵达地球。这张照片不仅展示了宇宙的深邃与广阔，更彰显了人类探索宇宙的勇气与决心。

为了在遥远的距离捕捉到地球的影像，"旅行者"1号的摄像机必须几乎直接对准耀眼的太阳，因为地球与太阳之间"仅仅"相隔约1.5亿千米。在如此强烈的逆光拍摄环境下，相机光学元件产生反射是再正常不过的现象；而我们的地球，就恰巧藏匿于其中一束反射的阳光之中，仿佛一颗璀璨的蓝色宝石，在宇宙的深邃背景下熠熠生辉。

"暗淡蓝点"这张照片，不仅深刻地展示了地球在广袤宇宙中的渺小与微不足道，更进一步凸显了拍摄其他恒星系行星的艰难程度。那些遥远的行星，距离我们数万光年之远，它们被其环绕的恒星璀璨的光芒所遮蔽，使得我们难以看到它们真实的面貌。

时至今日，"旅行者"1号已经飞越了200亿千米，远离了地球的怀抱。它早已飞越太阳系的边界，踏入了更为深邃的宇宙空间。尽管与地球的距离已经如此遥远，"旅行者"1号仍然与地球保持着无线电的联系，传递着深空的神秘信息。然而，在那无垠的宇宙中，地球早已消失在了"旅行者"1号的视线之外，成为永远无法触及的记忆。

◀ 照片来源：NASA/JPL-Caltech

> **灵感来源**
>
> 在卡尔·萨根的著作《暗淡蓝点》（*Pale Blue Dot*）（1994）中，他以诗意盎然的文字，深情地描述了地球在浩渺时空中的独特位置。那段广为人知的描述，其实深受克里斯蒂安·惠更斯1698年所著的《宇宙论》（*Kosmotheoros*）启发。惠更斯在书中感慨地写道："小小的地球，对我们人类而言意义非凡，我们在其上航行探索，也在其上进行着纷争与战争。"这张照片，如同萨根的文字一般，都给予了我们一个全新的视角，让我们重新审视并思考自己在这个无边无际宇宙中的真正位置，感受到人类的渺小与宇宙的宏大。

了解更多

更多关于地球的信息
- *De vorming van het land, geologie en geomorfologie*, Wim Hoek, Perspectief Uitgevers, 2023
- *Aardobservatie, geodynamica en klimaatverandering bezien vanuit de ruimte*, Urs Hugentobler、Florian Seitz 和 Detlef Angermann, New Scientist, 2022
- *De wetenschap van de aarde, over een levende planeet*, Manuel Sintubin, Acco Uitgeverij, 2021
- *Geologie voor iedereen*, K. von Bulow, Uitgeverij Unieboek, 2008

更多关于月球的信息
- *Het boek van de maan*, Maggie Aderin-Pocock, Atlas Contact, 2019
- *De maan - Mysterie, natuur en exploratie*, Scott Montgomery, Tirion, 2009

更多关于太阳的信息
- *De zon - Een nieuwe blik op onze rebelse ster*, Colin Stuart, New Scientist, 2021
- *Ode aan de zon*, Willem Beekman, Christofoor, 2022

更多关于行星的信息
- *Fascinerend zonnestelsel*, Govert Schilling, Fontaine Uitgevers, 2005
- *De magie van ons zonnestelsel*, Brian Cox 和 Andrew Cohen, Fontaine Uitgevers, 2011

更多关于恒星的信息
- *Handboek sterrenkunde*, Govert Schilling, Fontaine Uitgevers, 2023（第 14 版）
- *De geschiedenis van het heelal in 21 sterren（en 3 bedriegers）*, Giles Sparrow, Fontaine Uitgevers, 2022

更多关于宇宙的信息
- *Schitterend heelal*, Govert Schilling, Fontaine Uitgevers, 2015
- *Galaxies*, Govert Schilling, Fontaine Uitgevers, 2018

更多照片资源

更多关于地球的照片

  本书中展示的宇航员拍摄的所有地球照片，均源自位于休斯敦的 NASA 约翰逊航天中心的地球科学与遥感部门。该部门还负责管理"地球宇航员摄影门户"网站（eol.jsc.nasa.gov），此网站上存档了大约 500 万张由宇航员们精心拍摄的地球照片。您可以通过多种方式轻松搜索所需材料，并且大部分照片都可以高分辨率下载。因此，在本书中，许多照片的说明中会标注一个编号（例如：ISS068-E-8009），凭借此编号，您便能轻松找到照片的原始高清版本。

  此外，另一个值得推荐的卫星照片来源是 worldview.earthdata.nasa.gov 网站。该网站每天都会更新由美国 4 颗观测卫星连续捕捉的地球影像，更新延迟仅几小时，让您能实时欣赏地球的壮丽景色。

  同时，NASA 的地球观测网站（earthobservatory.nasa.gov）也提供了丰富的地球图像及其专业解释。若您对陆地卫星项目的图像感兴趣，可以通过 landsat.visibleearth.nasa.gov 进行访问。

  不仅如此，欧洲哨兵计划（Sentinel Program）的地球观测卫星图像也可以在 www.sentinel-hub.com/explore/ 上浏览。

  欧洲航天局（ESA）同样提供了海量的地球图像素材，只需在 www.esa.int 上搜索 "Earth from Space"，便可轻松找到您感兴趣的内容。

更多关于宇宙的照片

  几乎所有关于太阳、月球、行星、恒星、星云和星系的照片，无论是地面还是空间望远镜、卫星及探测器所拍摄，均由各大天文台和航天机构公开提供给公众。毕竟，这些珍贵的科学成果大多是由公众税款资助完成的。

  您可以在以下网站找到大量令人惊叹的宇宙照片：
哈勃太空望远镜（esahubble.org）；
韦布太空望远镜（esawebb.org）；
欧洲南方天文台（eso.org），该网站慷慨地提供了数百张精美照片供您免费下载。

  许多美国望远镜的精彩照片则可以在 noirlab.edu 上找到。

  若想一睹 NASA 行星探测器拍摄的独特照片，请访问 photojournal.jpl.nasa.gov。而其他 NASA 卫星以及欧洲航天局（ESA）行星和空间研究的精彩成果，则可以在各个相关项目的官方网站上寻找。

  需要注意的是，许多卫星、探测器和早期太空望远镜的科学相机分辨率可能并不如现代智能手机的相机那般高清。因此，并非所有图像都适合放大至海报尺寸欣赏。在浏览和下载时，请留意这一点。

索引

A

- *aardbevingen* 地震：52，131
- *aarde, plaats in heelal* 地球在宇宙中的位置：12，56，171
- *Adelaarnevel* 鹰状星云：168
- *Adrastea（maan van Jupiter）* 阿德拉斯提亚（木星的卫星）：112
- *Amalthea（maan van Jupiter）* 阿马尔塞（木星的卫星）：112
- *Andormedastelsel zie sterrenstelsels* 仙女座星系（见星系章节）
- *Antarctica/Zuidpoolgebied* 南极／南极洲：72，84，102，124，160
- *atollen* 环礁：28

B

- *bergen en gebergten* 山／山脉：15，48，52，59，99，108，124，131，138，160
- *bevolking* 人口：32，55，127，140
- *biodiversiteit* 生物多样性：140，151
- *bliksem* 闪电：24，103
- *bomen en bossen* 树木、森林：102，103
    - *mangrove* 红树林：140
    - *regenwoud* 雨林：135，151
    - *windsingels* 防风林：111
- *branden* 火灾、燃烧、焚烧：20，55，60，102-103，127，151
- *brecci* 角砾岩：39

C

- *canyons* 峡谷：59，168
- *Carinanevel* 船底座星云：139
- *Chrysalis（maan van Saturnus）* "蛹"卫星（土星的卫星）：76
- *conflicten* 冲突：55
- *continenten* 大陆：19，52，108，124
    - *micro-* 微型大陆：20
- *Copernicus（maankrater）* 哥白尼（月球陨石坑）：15
- *cuesta's* 库斯塔：39

D

- *dampkring* 大气层：12，27，80，84，102
    - *van Jupiter* 木星的大气层：112
    - *Von K.rm.n-wervelstraten* 冯·卡门涡街：115
    - *zuurstof in* 氧气：151
- *delta's* 三角洲：60，127，148
- *dieren* 动物：44，67，75，107，140，148，151
- *donder* 雷鸣：24
- *donkere energie* 暗能量：16
- *donkere materie* 暗物质：16
- *driehoeksmeting/trigonometrie* 三角测量：84，131

- *droogte* 干旱：68, 102, 103, 111

E

- *eilanden* 岛屿：20, 28, 116
- *elektromagnetische straling* 电磁辐射：51
- *Epimetheus (maan van Saturnus)* 厄庇墨透斯（土星的卫星）：76
- *erosie* 侵蚀：19, 39, 44, 59, 111, 140
- *van kosmische* 宇宙的
  - *stofwolken* 尘埃云：104, 168
- *ertsen* 矿石：19

G

- *Ganymedes (maan van Jupiter)* 盖尼米德（木星的卫星）：43
- *geodesie* 地球形状：95
- *geolocatie* 地理定位：55
- *Gibraltar zie Straat van Gibraltar* 直布罗陀（见直布罗陀海峡的奥秘章节）
- *gletsjers* 冰川：97, 160
- *Gondwana* 冈瓦纳大陆：124
- *Grand Canyon* 大峡谷：59
- *Grote Magelhaense Wolk* 麦哲伦星云：51, 71, 91, 128, 132

H

- *heelal* 宇宙
  - '*diepe*' "深空"：31, 79
  - *oerknal* 宇宙大爆炸：16, 87, 159
  - *ontstaan van nieuwe heelallen* 宇宙诞生：87
  - *samenstelling* 组成：16
  - *uitdijing* 膨胀：16, 51, 79, 132
- *Huygensgebied* 惠更斯区：23

I

- *infraroodstraling* 红外辐射：51, 71, 79, 91, 112, 138, 143, 147, 163, 168
- *ijs* 冰：72, 92, 97, 124, 160
- *ijzeroxide* 氧化铁：59, 156
- *inslagkraters* 撞击：15, 44, 48, 76, 92, 123
- *instraling* 辐射：68
- *Io (maan van Jupiter)* 木卫一（木星的卫星）：112, 119

J

- *Japetus (maan van Saturnus)* 土卫八（土星的卫星）：99
- *Jupiter* 木星：43, 152, 171
  - *Grote Rode Vlek/stormen* 大红斑/风暴：43, 112
  - *manen* 卫星：43, 76, 99, 112, 119
  - *poollicht* 极光：112
  - *ringen* 环：76, 112
  - *wolken* 云：43, 112, 119, 145
  - *zonsverduisteringen* 日食：43

K

- *karst* 喀斯特：39
- *kassen, tuinbouw* 温室：47
- *Kleine Magelhaense Wolk* 小麦哲伦星云：71, 132

- *klimaatverandering* 气候变化（气候变暖）：32，68，131，140，155
- *kometen* 彗星：40，64
- *kooldioxide (co2)* 二氧化碳（CO$_2$）：102
- *koolmonoxide (co)* 一氧化碳（CO）：102
- *koraal* 珊瑚：28
- *kosmische achtergrondstraling* 宇宙微波背景辐射：16
- *Krabnevel* 蟹状星云：51
- *kratons* 克拉通：19，55，108

L

- *Lagunenevel* 拉古娜星云：104
- *land- en tuinbouw* 农业：47，67，96，111
- *leven* 生命：12，71，163
    - *soorten* 物种 / 多样性：44，67，140，148，151
- *licht* 光
    - *absorptie* 吸收：12，35
    - *afkomstig van steden/menselijke activiteit* 城市 / 活动：12，32，47，55，67，75
    - *diffractie* 衍射：31
    - *kleuren* 颜色：12
    - *maanlicht* 月光：75
    - *nachtelijk* 夜晚：67，75
    - *oud* 古老的光：79
    - *poollicht* 极光：27，84，112
    - *uitdijing van het heelal en* 宇宙膨胀 / 光：79
    - *verstoring van bioritme door lichtvervuiling* 光污染：75
    - *verstrooiing* 散射：12，35，144
- *zonlicht* 阳光：12，47
- *zwaartekracht en* 重力：31
- *zie ook elektromagnetische straling; infraroodstraling; ultraviolette straling* 见电磁辐射；红外辐射；紫外辐射

M

- *maan/manen* 卫星：48
    - *van aarde* 地球：15，43，44，56，79，123，128
        - *inslagkraters* 撞击坑 / 陨石坑：15，44，76，123
    - *van Jupiter* 木星：43，76，99，112，119
        - *licht* 光：75
    - *van Saturnus* 土星：76，99，144
- *Maasvlakte* 马斯维拉克特 2：167
- *magnetische velden en veldlijnen* 磁场 / 磁力线：27，36，84，112
- *Mars* 火星：48，123，152
    - *Olympus Mons* 奥林匹斯山：48
- *Melkwegstelsel zie sterrenstelsels Mercurius* 银河系（见星系）
- *Mercurius* 水星：92，123
- *meren* 湖 / 湖泊：60，88，107，119，156
- *mesosfeer* 中间层：155
- *metalen* 金属：19，107
- *meteorieten* 陨石：99，123，124
- *methaan* 甲烷：12，155
- *Mid-Atlantische Rug* 大西洋脊：52
- *mijnbouw* 采矿：19

- *Mimas（maan van Saturnus）*米玛斯（土星的卫星）：144
- *mineralen* 矿物：19, 107, 135, 156
- *moleculaire wolken* 分子云：23
- *Mount Everest* 珠穆朗玛峰：131, 160

N

- *Nebraschijf* 内布拉星盘：128
- *neerslagtekort* 降水量缺口：68
- *Neowise（komeet）*尼欧怀兹慧彗：64
- *Neptunus* 海王星：76, 160, 171
- *nevels* 星云：23, 51, 91, 104, 139, 168
    - *donkere* 黑暗星云：35
    - *planetaire* 行星状星云：163
    - *reflectie-* 反射星云：128
- *Noordpoolgebied* 北极：72, 84, 124

O

- *oceanen* 海洋：12, 28, 120
- *oerknal* 宇宙大爆炸：16, 87, 159
- *Okvangodelta* 奥卡万戈三角洲：60
- *Olympus Mons* 奥林匹斯山：48
- *Onweer* 雷暴：24
- *Orionnevel* 猎户座星云：23, 91, 104
- *orkanen zie wervelstormen* 飓风（见旋风）

P

- *Pangea* 盘古大陆：52
- *Phantom Galaxy* 幽灵星系（M74）：147
- *Pijpnevel* 烟斗星云：35

- *planeten en planetenstelsels* 行星和行星系
    - *dwergplaneten* 矮行星：160
    - *ontstaan* 形成：23, 40, 71, 100, 136
    - *protoplanetaire schijven* 原行星盘：40, 71, 100
    - *reuzenplaneten* 巨行星：40
    - *zonnestelsel* 太阳系：40, 64, 100
    - *zie ook afzonderlijke planeten* 见其他关于行星章节
- *planetesimalen* 微行星体 / 小型天体：40, 152
- *planeto.den* 小行星：40, 48, 152
- *planten/vegetatie* 植物：12, 44, 75, 103, 148, 151
    - *resten en afval* 残余和残留物：47, 60, 151
    - *zie ook bomen en bossen* 见树木和森林
- *polders* 沼泽：116
- *polen* 极地
    - *geografische* 极点 / 两极：84, 95, 124
    - *magnetische* 磁极：84, 112
    - *zie ook Antarctica/Zuidpoolgebied; Noordpoolgebied* 见南极 / 南极洲；北极地区
- *poollicht* 极光：27, 84, 112
- *Pluto* 冥王星：160
- *precisiekosmologie* 精密宇宙学：16
- *pulsars* 脉冲星：51

R

- *radiostraling* 射电辐射：36-37
- *Rhea（maan van Saturnus）*瑞亚（土星的卫星）：76

- *Richat-structuur* 里查特结构：39
- *ringenstelsels* 光环系统：76, 144-145
- *rivieren* 河流：59, 60, 88, 120
- *Rodinia* 罗迪尼亚超大陆：19
- *r.ntgenstraling* X 射线：51

S

- *Sahara* 撒哈拉：39, 127, 135
- *Saturnus* 土星：119, 171
    - *manen* 卫星：76, 99, 144
    - *ringen* 环：76, 144-145
    - *wolken* 云：144, 145
- *steden* 城市 / 市 / 首都：12, 24, 32, 47, 55, 75, 127
- *sterren* 恒星：31, 35, 63
    - *dubbel-* 双星：143, 163
    - *einde van levensloop* 生命历程 / 生命终点 / 生命旅程：136, 147, 163
    - *levensduur* 生命周期：23, 100
    - *ontstaan* 形成 / 诞生 / 孕育：23, 35, 36, 63, 71, 91, 100, 104, 132, 138, 147, 168
    - *Plejaden* 昴星团：128
    - *proto-* 原恒星：40, 71, 100, 168
    - *protoplanetaire schijven* 原行星盘：40, 71, 100
    - *pulsars* 脉冲星：51
    - *reuzen-* 巨星：23, 91, 139, 143
    - *rode reuzen* 红巨星：163
    - *supernova-explosies* 超新星爆发：23, 37, 51, 71
- *temperaturen* 温度：23, 136, 139, 143
- *Trapezium-* 猎户座：23
- *witte dwergen* 白矮星：136, 163
- *zie ook zon* 见太阳
- *sterrenhopen* 星团：91, 104
    - *bolvormige* 球状星团：136
    - *open* 开放星团：128
- *sterrenstelsels* 星系：31, 51, 63, 79, 104, 132, 143, 147
    - *Andromedastelsel* 仙女座星系：104, 132, 147
    - *balkspiraalstelsels* 棒旋星系：147
    - *begeleiders* 伴星系：132
    - *beweging en snelheid* 运动和速度：67
    - *dwergstelsels* 矮星系：132
    - *elliptische stelsels* 椭圆星系：132, 147
    - *interacties onderling* 相互作用：159
    - *kern* 核心：36, 87, 132
    - *kosmische stofwolken* 宇宙尘埃云：35
    - *licht* 光：79
    - *M51 (Draaikolkstelsel)* 螺旋星系（M51）：63
    - *M74 (Phantom Galaxy)* 幽灵星系（M74）：147
    - *Melkwegstelsel* 银河系：23, 31, 35, 36-37, 51, 63, 71, 87, 91, 128, 132, 136, 139, 147
        - *ontstaan* 起源：16
        - *spiraalstelsels* 螺旋星系：63, 132, 147
        - *sterrenhopen* 星团：128, 136
        - *stervormingsgebieden* 恒星形成区：23
        - *supernova-explosies* 超新星爆发：37, 51
        - *uitdijing van heelal en* 宇宙膨胀：79, 132
        - *zware* 重星系：31

- ◦ *zwarte gaten* 黑洞：87
- *sterrenwinden* 恒星风：71，104，143
- *stikstofgletsjers* 氮冰川：160
- *stof* 沙尘 / 尘埃：111，135
- *stofwolken, kosmische* 尘云 / 宇宙：35，36，91，100，104，128，139，147，168
- *stormen zie wervelstormen* 风暴（见旋风）
- *Straat van Gibraltar* 直布罗陀海峡：120
- *stralingsverdamping* 辐射蒸发：138，168
- *stratosfeer* 平流层：102
- *supernova-explosies* 超新星爆发 / 爆炸：23，37，51，71，91，147，163

T

- *Tarantulanevel* 蜘蛛星云：91
- *tektonische platen/schollen* 板块 / 构造运动：19，44，52，80，108，124，131
- *temperaturen* 温度
  - *aarde* 地球：48，83，124，155
  - *kosmische achtergrondstraling* 宇宙微波背景辐射：16
  - *Mercurius* 水星：92
  - *Pluto* 冥王星：160
  - *sterren* 恒星：23，136，139，143
  - *zon* 太阳：16，27
- *terminator* 晨昏线：56
- *Titan (maan van Saturnus)* 泰坦星（土星的卫星）：76
- *trigonometrie zie driehoeksmeting* 三角学（见三角测量）

U

- *ultraviolette straling* 紫外线 / 紫外辐射 / 紫外光：23，27，51，104，112，128，138，143
- *Uranus* 天王星：76，163，171

V

- *Venus* 金星：108，171
  - *Alpha Regio* 阿尔法地区：108
- *verdamping* 蒸发：68，107，120，163
- *verwering* 风化：44，59，131，156
  - *chemische* 化学风化：156
  - *mechanische* 机械风化：59
- *Victoria (inslagkrater Mars)* 维多利亚陨石坑（火星）：123
- *visserij* 渔业 / 捕捞：67，140
- *Vulcanus (hypothetische planeet)* 伏尔甘星（假想行星）：92
- *vulkanen en vulkanisme* 火山、火山活动：28，39，48，52，80，92，119

W

- *water* 水：12，28，60，68，72，88，97，120，148，164
  - *bescherming tegen* 防护：111
  - *voor land- en tuinbouw* 农业和园艺：47，68
  - *zoet* 淡水：28，47，127
  - *zout* 盐水：140
- *wervelstormen (orkanen/cyclonen/tyfoons)* 旋风（飓风 / 气旋 / 台风）：43，112，140，156，164

- *wervelstraten, Von K.rm.n* 卡门涡街: 115
- *wind* 风: 44, 60, 111, 135, 167
- *woestijnen* 沙漠: 39, 44, 60, 127, 135
- *wolken* 云: 12, 24, 68, 83, 115
    - *Jupiter* 木星: 43, 112, 119, 145
    - *lichtende nachtwolken* 夜光云: 155
    - *Saturnus* 土星: 144, 145
    - *stratocumulus* 层积云: 83
    - *Venus* 金星: 108

Z

- *zand* 沙: 44, 60, 88, 135, 167
- *zeespiegel* 海平面: 28, 72, 148
- *zon* 太阳: 79, 84, 91, 100
    - *activiteitsmaximum* 活动高峰期: 27
    - *corona* 日冕: 27
    - *levensloop* 生命周期: 163
    - *lichtsterkte* 光度: 143
    - *protuberansen* 日珥: 27
    - *temperaturen* 温度: 16, 27
- *zonlicht* 阳光: 12, 47
- *zonnestelsel* 太阳系: 40, 64, 100
- *zonnevlekken* 太阳黑子: 27
- *zonnewind* 太阳风: 27
- *zonsverduisteringen* 日食: 43
- *zout* 盐 / 咸涩: 60, 107, 120, 127, 140
- *Zuidelijke Ringnevel* 南环星云: 163
- *Zuidpoolgebied zie Antarctica* 南极地区（见南极 / 南极洲）
- *zuurstof* 氧气: 151

- *zwaartekracht* 重力 / 引力: 48, 87, 92, 95, 136
    - *licht en* 光: 31, 87
    - *ontstaan van sterren en* 恒星诞生 / 孕育: 100, 104
    - *verstoringen* 扰动: 40, 79
    - *zwaartekrachtlenzen* 引力透镜: 31
- *zwarte gaten* 黑洞: 36, 87, 136